丰富清晰的步骤图片，
让您一看就想学，一学就会

初学者的第一堂手工课
钩针编织教科书

从基本的钩织方法，到花样钩织、串珠钩织等，
详尽的编织符号和步骤图片，保证让您零失败！

［日］濑端靖子 著

何凝一 译

河北科学技术出版社

目录 CONTENTS

应 用 篇

词典篇

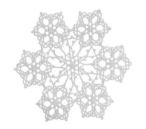

基础篇

套装双面小物收纳盒（制作方法和钩织图见P37）

不论是钩针的持法还是基本的钩织方法在本篇中都有详尽介绍，即便是初学者也能轻松掌握。可通过循序渐进的练习掌握基本的钩织方法，到一定程度后，便可以动手挑战钩织作品了。如果是具有钩织经验的朋友，重读此篇后也能达到复习的效果。

杯垫和小垫子（制作方法和钩织图见P36）

1 线和钩针

钩织的必需工具就是线和钩针，因此，对于线的大致材质和种类、针的型号等都要有些了解。

线的材质

羊毛线

保温性、伸缩性出色，是秋冬衣物中常用的材质。根据线的粗细分为"极细""超粗"等，而根据线的捻法和形状特征又分为"圈圈纱""绒毛圈纱""竹节纱"等。

棉线

伸缩性不大，但具有不错的透气性和吸水性，是春夏衣物常用的材质。用经过严格挑选的有机棉等材质制成的线也越来越多，广泛用于杂货、婴儿用品、服饰等。

蕾丝线

蕾丝钩织时所用的线，基本材质为棉。序号表示粗细程度，数字越大线越细。一般是具有光泽、细滑的白色线，原色和自然色的线也非常受欢迎。

除此之外，适用于秋冬的还有马海毛、开司米、安哥拉、腈纶等，适用于春夏的有亚麻、黄麻纤维、人造丝、涤纶等材质。钩针编织所用的线不仅材质有所差别，线的粗细、捻制方法等也有不同，可结合用途选择适合的种类。

线的粗细

极细

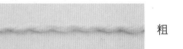
细

中细

粗

中粗

极粗

超粗

检查线的标签

棉100%	表示线的材质。
每卷20g（约56m）	表示1卷的重量和线长。
4/0~5/0号	此线适合的钩针号数。
5~6号　上下针编织标准织片10×10　21~23针　29~31行	此线适合的棒针号数和相应棒针编织出边长10cm的正方形的标准针数和行数。
手洗30°	洗涤时需要注意的地方（参照P89）。

此外，标签上还有色号和批号（染色的生产号）。线不足时，可以通过确认这两个号购买新线。

针的种类

蕾丝针

比普通钩针细，钩织蕾丝线时使用。号数分为 0、2、4、6、8、10、12和14号8种，数字越大，针越细。

钩针

钩针编织用针，除了单侧有钩外，还有两侧均是钩状的双头钩针，分为2/0、3/0、4/0、5/0、6/0、7/0、8/0、9/0和10/0号，数字越大，钩针越粗。

特大号针

比钩针更粗的针，钩织极粗以上的线时使用。型号分为特大7mm、特大8mm、特大10mm、特大12mm、特大15mm和特大20mm。

缝衣针

毛线用的缝衣针针尖是圆形，针鼻也比普通的缝衣针大。订缝或接缝编织物、处理线头时使用。缝衣针的长度和粗细各异，可根据线的粗细选择适合的型号。

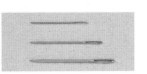

蕾丝针的粗细标准

实物大小	号数	蕾丝线
	14	80~100号
	12	70~80号
	10	50~80号
	8	40~60号
	6	20~30号
	4	18~30号
	2	10~20号
	0	8~18号

钩针·特大钩针的粗细标准

实物大小	号数	极细	中细	中粗	极粗	极极粗	超粗
钩针	2/0	1~2股线	1股线				
	3/0						
	4/0	2股线	1~2股线				
	5/0						
	6/0			1股线			
	7/0						
	7.5/0			2股线			
	8/0				1股线		
	9/0						
	10/0						
特大钩针	特大7mm				1股线	1~2股线	
	特大8mm						
	特大10mm					2股线	
	特大12mm						
	特大15mm						1股线
	特大20mm						1~2股线

※ 特大钩针到12mm为止均为实物大小。

2 钩针的持法和挂线方法

准备好钩针和线之后，就开始学习持法吧。掌握了正确的钩针持法和挂线方法，钩织时手指就不会太累，且钩织得更流畅。

线头的抽法

手指伸入线团中央，找到线头后抽出。如果从外侧抽线头，在编织过程中线容易打结。

针的持法

用右手拇指和食指捏住距离针尖4cm的地方，再用中指轻轻压住。转动钩针，压住针上线和编织物时，中指起到辅助作用。

挂线的方法

挂线的方法分为两种，一般选用右图的方法。下图在小指上绕1圈的方法则能防止细线和易滑的毛线松散。可根据线的状况调节。

1　右手捏住线头，从左手的小指和无名指之间穿过，然后挂在食指上。

2　食指挑起，将线拉紧，用大拇指和中指捏住距离线头8~10cm的地方。

●在小指上绕1圈的挂线方法

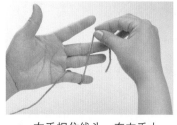

1　右手捏住线头，在左手小指上绕1圈。

2　食指挑起，将线拉紧。

3　用大拇指和中指捏住距离线头8~10cm的地方。

便利工具

计数环
每隔数行挂上计数环，编织到几行时便一目了然。

小记号扣
与计数环相同，用于计数。钩织衣物等行数较多的编织物时使用。

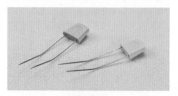

叉形针
熨烫织好的编织物时，用叉形针将其固定在烫衣板上。

3 先起针吧

钩织作品第1行时织入必要的针目称为起针。起针分为锁针起针和环形起针两种情况。

锁针起针

每行都正反面交替钩织的平针钩织（往返钩织）的起针是用锁针钩织而成的，另外还有以锁针的起针环形钩织的情况（参照P17）。

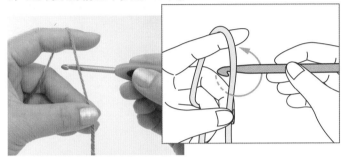

1 从线的内侧插入针，然后按照箭头所示方向转动针头。

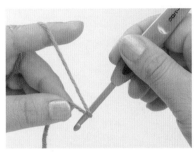

2 暂时将针头朝下。

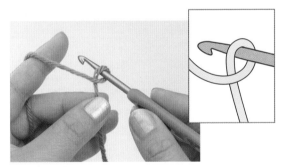

3 线绕到针头上。

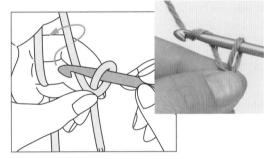

4 用左手大拇指和中指压住线的交叉处，按照图中的箭头方向转动针，将挂在食指上的线从针上的线圈中穿出。

5 将线头的线圈拉紧。

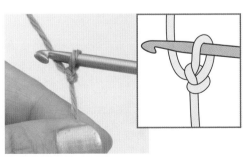

6 线圈拉紧。此针不计入针数。将挂在钩针上的线从线圈中拉出，钩织锁针。

7 钩织完3针后的样子。

平针起针的挑法

钩织起针后，将钩针插入起针中钩织第1行。平针起针的挑法有3种。

看看锁针（锁针起针）的正反面吧！

锁针有正反面之分。反面正中的一根渡线（插图中深色的部分）称为锁针的里山，里山左右的线称为半针。

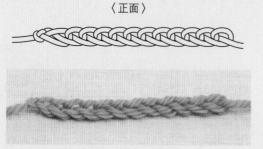

〈正面〉　　　　　　　　　　　〈反面〉

① 挑起锁针里山 ••

有边缘的话就会很整齐了，这里主要针对没有进行边缘钩织的作品。挑起锁针里山时所用的钩针要比钩织起针（锁针）时所用的钩针大两号。

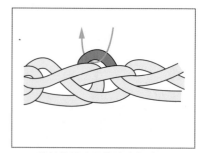

1　用锁针钩织起针，然后再立织3针锁针。针上挂线，按照箭头所示，将锁针的里山挑起后钩织长针（参照P24）。

锁针的里山是指这个部分。

2

钩织完1针长针后如图所示（立起的针目也算1针）。接着将锁针的里山挑起后用同样的方法钩织。

3　钩织完10针后的样子。

②挑起锁针的半针

挑针的位置比较明显，但针目有些稀松。挑起锁针半针时所用的钩针与起针（锁针）时所用的钩针号数相同。

  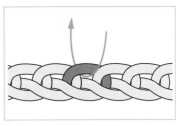

1　用锁针钩织起针，然后再立织3针锁针。针上挂线，按照箭头所示，挑起锁针的半针后钩织长针。

锁针的半针是指这个部分。

2　钩织完1针长针后如图所示。接着将锁针的半针挑起后用同样的方法钩织。

3　钩织完10针后的样子。

③挑起锁针的里山和半针

挑起锁针的2根线更稳固。适用于跳过再挑针的钩织方法。挑起锁针的里山和半针时，如果针目紧密的话，选用的钩针要比起针时的钩针粗1号，如果针目松紧适合就选用号数相同的钩针。

  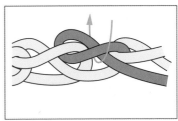

1　用锁针钩织起针，然后立织1针锁针。按照箭头所示方向，将锁针的里山和半针的2根线挑起后织入短针（参照P20）。挑起2根线后如图所示。

锁针的里山和半针是指这个部分。

2　钩织完1针短针后如图所示。钩织5针锁针，之后跳过4针起针，将锁针的里山和半针挑起织入短针。

3　锁针和短针组合钩织出的网状花样。

环形起针

钩织花样和帽子等圆形的作品时，要先钩织圆环的起针，然后从中心开始钩织。环形起针方法有很多种。

①单环起针

线头绕成1个圆环，然后在中间钩织。

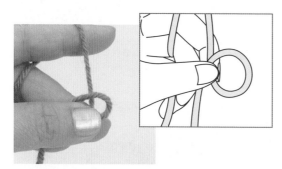

1　线头（留出7~8cm）绕成1个圆环。

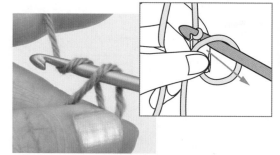

2　针上挂线，按照箭头所示从圆环中间拉出。

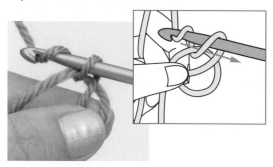

3　钩织1针锁针。此针算立织的1针。

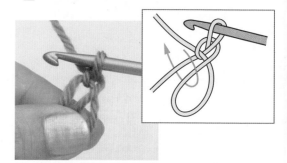

4　钩织完1针立起的锁针后的样子。如图所示，将2根线挑起后继续钩织。

还有这种方法

1针锁针的起针： 钩织1针锁针，然后在中间钩织。

1　线绕在钩针上，挂线后拉出。

2　钩织1针锁针。此针算立织的1针。

3　按照箭头所示方向插入钩针，将2根线挑起后钩织短针。

4　钩完1针短针后的样子。然后再将2根线挑起继续钩织。

②双环起针

线头在手指上绕2圈，然后在其中钩织。

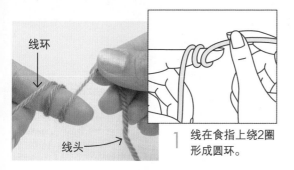

线环

线头

1 线在食指上绕2圈形成圆环。

2 手指从圆环中取出。线头留出7~8cm。

3 线环一侧的线挂在左手的食指上，然后用大拇指和中指捏住圆环。将钩针插入圆环中，挂线后拉出。

4 抽出线后如图所示。

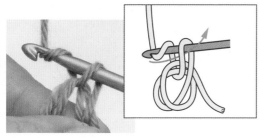

5 再一次挂线，拉出。

6 至此起针完成。此针不算1针。

从双环起针钩织

完成起针后钩织1行短针。

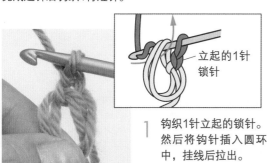

立起的1针锁针

1 钩织1针立起的锁针。然后将钩针插入圆环中，挂线后拉出。

2 再次挂线，按照箭头所示引拔穿过2个线圈。

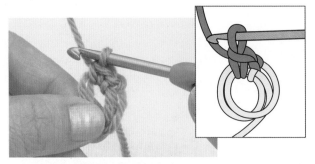

3 钩织完1针短针。同样再钩织5针。

4 钩织完6针短针，然后将起针的圆环拉紧。

沿箭头方向拉紧

② ③ ①

5 沿箭头方向稍稍拉紧线头（①），然后将圆环的2根线沿箭头方向拉紧（②），最后将③的线拉紧。

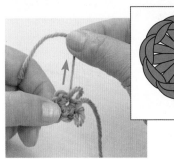

6 再次拉紧线头，缩紧圆环。

拉紧

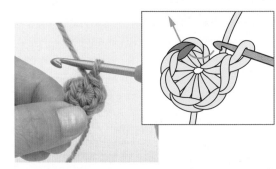

7 第1行钩织完成后，用钩针将最初短针的头针锁针2根线挑起，然后进行引拔钩织。

8 针上挂线后拉出。

9 引拔钩织完成。

10 用右手中指压住钩针上的线圈，按照箭头所示方向将引拔针的针目拉紧。

16

从锁针的起针中钩织 ••

用锁针钩织出圆环，将圆环当做起针，然后在其中钩织。

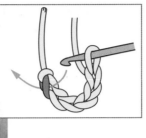

1 钩织6针环形起针（根据编织图钩织必要的针数）。之后将第1针锁针的外侧半针和里山的2根线挑起。

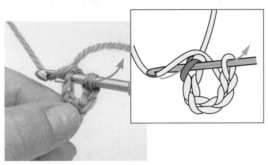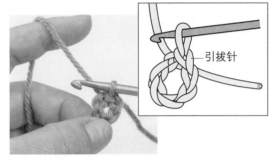

2 针上挂线后拉出。

3 引拔钩织。锁针的圆环完成。

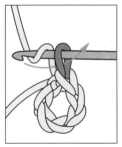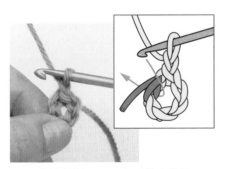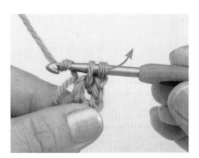

4 钩织1针立起的锁针。

5 将钩针插入圆环中，针上挂线后抽出。

6 再次挂线，引拔穿过针上的2个线圈。线头也一起钩织。

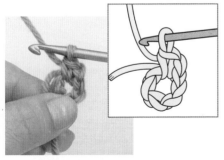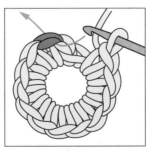

7 钩织完1针短针。按照同样方法，钩织完全部12针短针。

8 在钩织终点将最初的短针头针的锁针2根线挑起，然后挂线拉出。

9 钩织完第1行后的样子。

在塑料环中钩织

手工塑料环在钩织环形起针时是可以代替线圈的便利工具。钩织连续花样（参照P70）时经常使用。

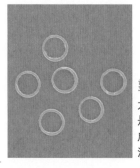

塑料环
大多数的塑料环都是由聚乙烯树脂制成，耐水性强，可洗涤。

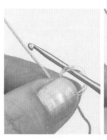  

1 将钩针插入塑料环中，针上挂线拉出。

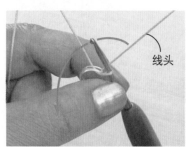 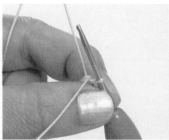 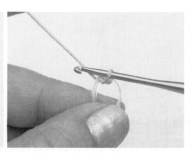

线头

2 线头从右侧绕到左侧，贴紧塑料环捏住，之后将线头和塑料环一起钩织。

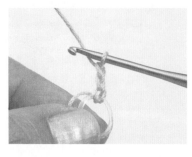 

3 钩织3针立起的锁针。

4 将塑料环和线头都挑起后插入钩针，然后织入长针。钩织完半个塑料环的样子如图所示。

5 钩织结束时，将钩针插入立起锁针最上面的针目，然后进行引拔钩织。

6 在塑料环中钩织完1行后的样子。

专栏 针目的高度和起立针

编织物

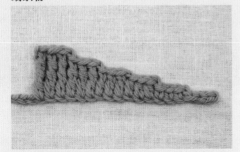

编织图

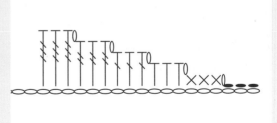

编织符号

不同的钩织方法采用的编织符号多种多样，目前大多都统一为JIS（日本工业标准）。另外，表示编织物编织符号的图称为"编织符号图（编织图）"，编织图反映的都是从编织物正面看到的状况。

编织符号

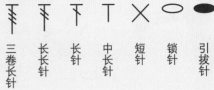

| 三卷长针 | 长长针 | 长针 | 中长针 | 短针 | 锁针 | 引拔针 |

针目的高度

短针、中长针等针目都有一定的高度。因此，在开始钩织每一行时，都会用锁针织出针目的高度，这些锁针就称为"起立针"。针目不同，织入的锁针数也各异。除短针以外，起立针都计为1针。

10针

10针

10针 —1针起立针

10针 —2针起立针 基础针

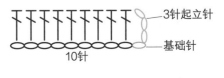

10针 —3针起立针 基础针

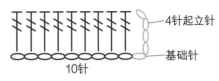

10针 —4针起立针 基础针

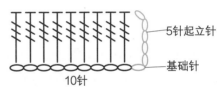

10针 —5针起立针 基础针

4 需要掌握的基本钩织方法

学会起针后，就要掌握一些基本的钩织方法。在此介绍3种方法，掌握之后可用它们组合成各种钩织方法。

短针

钩织短针时高度为1针起立针。

第1行

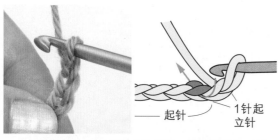

1 织入必要针数的锁针作为起针，然后再钩织1针起立针，按照箭头所示方向，将锁针的里山和半针挑起。

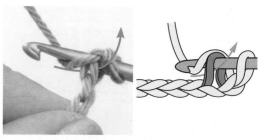

2 针上挂线，按照箭头所示方向转动针头，拉出线。

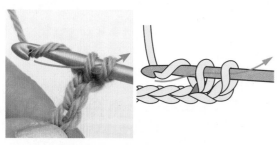

3 再次在针上挂线，按照箭头所示方向转动针头，引拔穿过线圈。

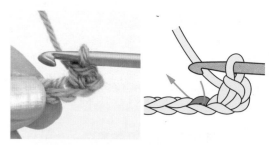

4 钩织完1针短针后的样子。之后将锁针的里山和半针挑起钩织。

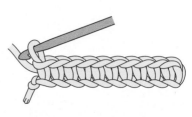

5 第1行钩织完成后的样子。

第2行

6 针上挂线，钩织1针起立针。

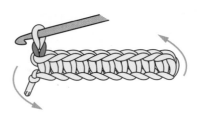

7 编织物的右端向外侧转动。

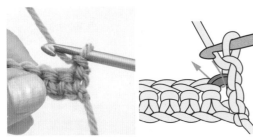

8 将钩针插入上一行右端短针的头针2根锁针线中挑起，然后织入短针。

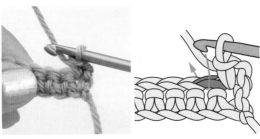

9 钩织完第2行的第1针短针后如图所示。接下来的针目也按照同样的方法钩织。

10 钩织到第2行的最后1针时，也将上一行短针的头针锁针2根线挑起钩织。

11 第2行钩织完成。第3行也按照步骤6的方法钩织1针起立针后，转动编织物。

编织结束时线怎么办呢?

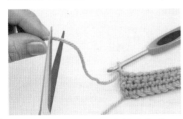

钩织1针锁针（这针锁针没有表示在编织图中），留出10cm左右的线头后剪断线。

用钩针引拔拉出线。

拉动线头，缩紧锁针。

中长针

中长针为2针起立针的高度。

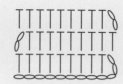

第1行

2针起
立针
起针 ——
基础针

1 钩织必要针数的锁针。然后钩织2针起立针，按照箭头所示将锁针的里山和半针挑起。

2 针上挂线，按照箭头所示将线拉出。此时，将线从高度为2针的起立针中引拔出。

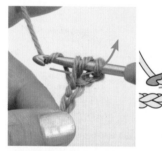

3 再次在针上挂线，按照箭头所示一次引拔穿过3个线圈。

4 钩织完1针中长针。

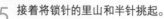

5 接着将锁针的里山和半针挑起。

6 第1行钩织完成后的样子。

第2行

7 钩织2针起立针，然后将编织物的右端向外侧转动。

8 将上一行右端数起的第2针中长针的头针锁针2根线挑起后，针上挂线，抽出。

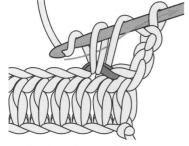

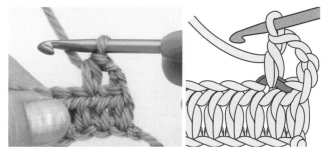

9 再次在针上挂线，一次穿过针上的3个线圈。

10 第2行的1针中长针钩织完成后的样子。之后的针目也按同样的方法继续钩织。

11 第2行最后1针将上一行起立针的第2针锁针里山和半针2根线挑起后钩织。

12 第2行钩织完成后的样子。

第3行

13

按照同样的方法钩织第3行。第3行的最后1针也是将上一行起立针的第2针锁针的里山和半针2根线挑起后钩织。

23

长针

长针为3针起立针的高度。

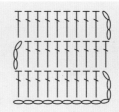

第1行

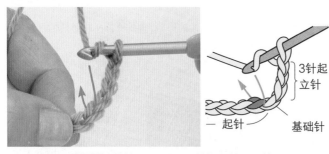

3针起立针

起针

基础针

1 钩织必要针数的锁针。之后织入3针起立针，再按照箭头所示将锁针的里山和半针挑起。

2 针上挂线，将线从高度为2针的锁针中引拔出。

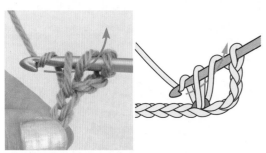

3 然后在针上挂线，按照箭头所示穿过2个线圈。

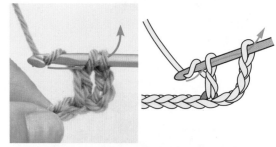

4 再次在针上挂线，按照箭头所示穿过剩下的2个线圈。

5 钩织长针时，起立针的针目也算作1针，因此已经织好2针。之后按照同样的方法钩织长针。

6 第1行钩织完成后的样子。

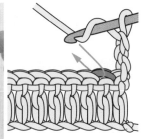

7 钩织3针立起的锁针，编织物右端向外侧转动。

8 将上一行右端数起的第2针长针的头针锁针2根线挑起后，钩织长针。

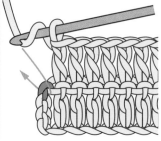

9 钩织第2行的最后1针时，将上一行起立针的第3针锁针的里山和半针2根线挑起后钩织。

第3行

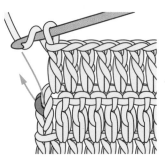

10 按照同样的方法钩织第3行，最后将上一行起立针的第3针锁针的里山和半针2根线挑起。第2行之后的针目看上去都与第1行起立针的方向不同，但不论如何钩织，都要将起立针的最上面1针锁针的半针和里山挑起后再钩织。

头针和尾针

短针　头针

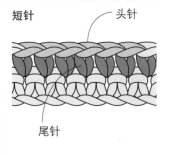

尾针

长针　头针

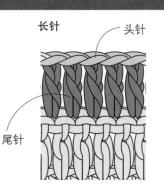

尾针

短针和长针等有一定高度的针目上端的锁针部分称为头针，下面的部分即尾针（或者称为轴）。通常（除菱形针、条纹针、引拔针外）都是将上一行头针的锁针2根线挑起钩织。

5 用基本方法钩织吧

掌握基本的钩织方法后，就可以钩织各种花样、圆形、椭圆形和立体花样啦。

平针钩织

● 用锁针和短针钩织的花样（网格钩织） ···

重复钩织锁针和短针而成。

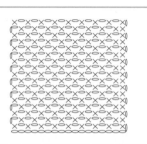

1 针上挂线，钩织锁针。

2 然后钩织短针。按照箭头所示方向插入钩针，针上挂线后拉出。

3 再次在针上挂线，一次穿过针上的2个线圈。重复钩织锁针和短针。

● 用锁针和长针钩织的花样（方眼花样） ···

重复钩织锁针和长针，方格状的花样是其特征。常用的有中间间隔2针锁针的2针方眼。可通过填满方格、留出空格的方法钩织出花样。

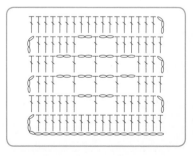

1 针上挂线，按照箭头所示方向插入钩针，将线拉出，钩织2针长针。

2 钩织完2针长针后，再在上一行长针的头针处钩织1针。

3 钩织2针锁针后，在箭头所示的针目处织入1针长针。

4 不断地填满方格、留出空格，钩织出花样。

● 用锁针、短针、长针钩织花样（网状花样）••••••••••••••••••••••••••••••••
以锁针、短针、长针的组合钩织出网一般的漂亮镂空花样。

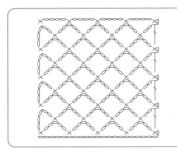

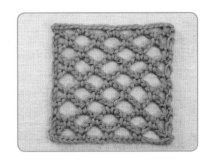

1 钩织5针锁针，将上一行的所有锁针挑起。

2 钩织短针。

3 在行尾钩织2针锁针，然后将上一行短针头针的锁针2根线挑起，钩织长针。

27

专栏 分隔钩织、成束钩织、将针目与针目的间隔挑起

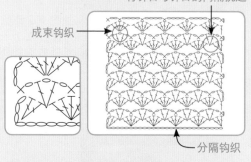

分隔钩织 将钩针插入上一行锁针处钩织的方法。可以让针目更加稳固。

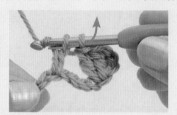

1 针上挂线，挑起上针锁针的半针和里山后，引拔出。

2 钩织长针。

3 在1针锁针中钩织5针长针。

成束钩织 将上一行的锁针成束挑起的钩织方法。

1 针上挂线，挑起上一行的锁针后，引拔出。

2 钩织长针。

3 钩织5针长针。

将针目与针目的间隔挑起 将上一行针目与针目的间隔挑起钩织的方法。

1 针上挂线，将上一行长针与长针的间隔挑起后引拔出。

2 钩织长针。

3 钩织2针长针。

从中心开始钩织

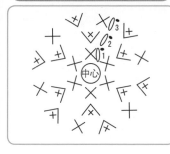

〈正面〉

〈反面〉

● 短针 •••

从中心开始钩织时，第2圈以后都要进行加针（这样编织物才能越来越大）。环形起针和第1圈的钩织方法参照
P14~16。

第2圈

引拔针

1 钩织1针起立针。

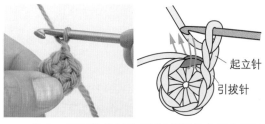

起立针

引拔针

2 将上一圈短针头针的锁针2根线挑起后钩织短
针，然后再在同一针目处钩织短针（加针）。

引拔针

3 在最初的针目中钩织完2针短针后如图所示。之
后都是在上一圈的1针中织入2针。

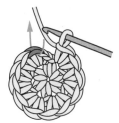

4 钩织终点时，将钩针插入上一圈短针头针的锁针
2根线中引拔钩织。

引拔针

5 第2圈钩织完成。接着在第3圈钩织1针起立针。

第3圈

6

上一圈引拔钩织完成后将
同一针目的头针锁针2根
线挑起，织入短针。然
后在下一针目中织入2针
短针（加针）。钩织第3
圈时每隔1针进行1次加
针，如此继续钩织。

● 长针 ··

钩织圆形织物要掌握一些技巧。环形起针的方法参照P14、P15。

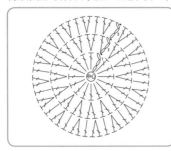
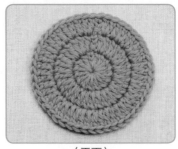

〈正面〉

〈反面〉

第1圈

1 钩织3针起立针,然后在针上挂线,将圆环的2根线挑起后钩织长针。

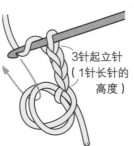

3针起立针(1针长针的高度)

2 钩织1针长针,共钩织完2针(起立针也算作1针)

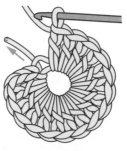

3 第1圈钩织结束后将线拉紧(参照P16)。先按照箭头方向拉动线头。

将可动的圆环一侧拉紧。

拉动线头,将另一侧的圆环也拉紧。

4 钩织终点时,将立起的第3针锁针的里山和半针2根线挑起。

5 针上挂线后引拔钩织。

6 第1圈钩织完成。

第2圈

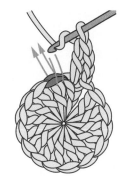

7 钩织3针起立针。针上挂线，在箭头所示的位置插入钩针后钩织长针。

8 将上一圈长针头针的锁针2根线挑起，钩织2针长针（加针）。

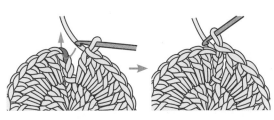

9 之后也按照同样的方法在同一针目处织入2针长针。

10 钩织到第2圈终点时，将上一圈起立针的第3针的里山和半针2根线挑起，针上挂线后引拔钩织。钩织第3圈时，在上一圈的长针中隔1针钩织2针长针（加针）。

专栏 **根据加针的位置变换编织物的形状**

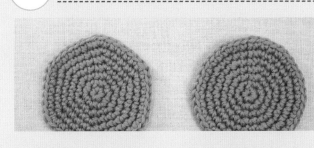

从中心钩织时，如果每圈都在同一位置加针（左侧），钩织出的编织物就是六边形。但若错开加针的位置（右侧），编织物就是圆形了。

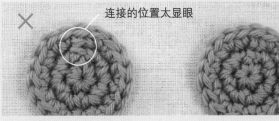

连接的位置太显眼

每圈最后引拔钩织时都要拉紧

按照P16步骤10每圈最后引拔钩织的要领将线拉紧。如果引拔针的线不紧（左侧），连接的位置就很容易凸显出来，拉紧后（右侧）就漂亮很多。

钩织椭圆形

钩织椭圆形时，将钩针插入锁针两侧的针目中钩织。这是钩织居家鞋后跟和手提包底面时常用的手法。

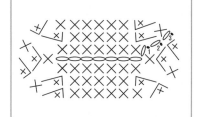

1 钩织必要针数的锁针，再钩织1针起立针。将第2针锁针的里山和半针的2根线挑起，钩织短针。

2 以同样的方法继续钩织短针。

3 钩织到起针顶端时的样子。

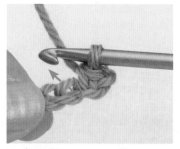

4 在顶端的针目中再织入2针短针。然后将锁针剩下的半针挑起，钩织短针。线头藏好。

5 钩织到起针的顶端时，在同一针目中再钩织1针短针。钩织结束时，按照箭头所示将钩针插入短针头针的锁针2根线中引拔出。

6 第1圈钩织完成。

7 第2圈开始先钩织1针起立针，然后在两端加针，继续钩织。

专栏 **中途没线时怎么办?**

钩织途中没有线时尽量采用不出现结头的方法接线。

1 钩织未完成的长针（参照 P108），然后将线引拔出 时，换上新线（图中为粉 红色的线）。

2 引拔抽出新线后如图所示。

3 以新线钩织1针长针。

专栏 **关于标准织片**

标准织片是指针目的密度。一般表示的是10cm×10cm编织物中织入的针数和行数。即便是同样 的针数、行数，每个人的手感不同，也会产生误差，因此要先进行试钩织（织边长15cm左右的 正方形），以测量标准织片。在钩织衣物等有具体尺寸的编织物时，测量标准织片的1/10即1cm 内的针数和行数，可以据此计算出实际的尺寸。

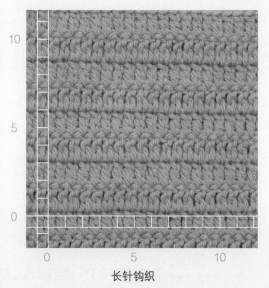

长针钩织

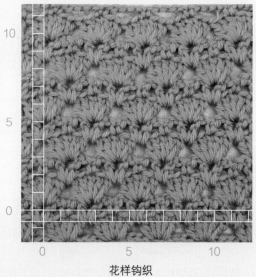

花样钩织

立体钩织

钩织帽子和玩具时，钩织出立体筒状的钩织方法称为环形钩织。环形钩织分为两种，即每圈都向同一方向钩织的方法和每圈都变换方向的往返钩织方法。短针、长针的钩织要领都相同。

● 同一方向的环形钩织（短针钩织的情况）••

第1圈

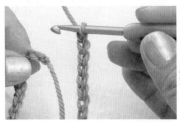
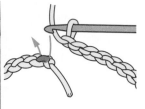

1 钩织必要针数的锁针起针，将钩针插入最后针目的里山后挑起。

2 针上挂线，引拔钩织。

1针起立针

3 钩织1针起立针。

4 在引拔锁针的里山处钩织1针短针，之后将锁针的里山挑起后再钩织。

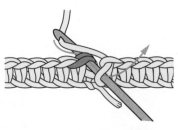

5 钩织终点时，将钩织起点的短针头针的锁针2根线挑起，引拔钩织。

第2圈

6 钩织1针起立针，将上一圈短针头针的锁针2根线挑起后钩织1圈。

第3圈

7 第3圈钩织完成后如图所示。起立针的位置渐渐向右倾斜。

● 往返的环形钩织（长针钩织的情况）••

║║ 第2圈

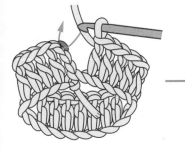 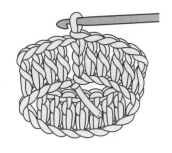

1　钩织必要的针数起针，与同一方向的环形钩织一样织入长针。在第1圈的终点时，将起立针的第3针锁针的半针和里山处挑起，引拔钩织。

2　第2圈钩织完3针起立针后，将编织物的右侧向外转动。

3　看着第2圈圆环的内侧，同时将上一圈长针头针的锁针2根线挑起，钩织长针，如此钩织1圈。

钩织长针时的样子。

4　第2圈钩织结束时，将起立针的第3针锁针的里山和半针2根线挑起引拔钩织。

║║ 第3行

5　第2圈钩织完成。第3圈也是钩织完起立针后转动编织物，按照同样的方法钩织。

6　钩织完第3圈后的样子。起立针的针目呈垂直状。

杯垫和小垫子的制作方法　　作品P6

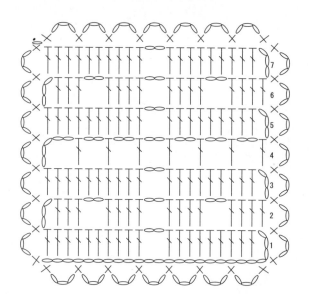

绿色杯垫

[准备材料]
线/ 棉线 5g
针/ 钩针 5/0号

[制作方法]
※用1股线钩织
①钩织22针锁针，之后钩织7行方眼花样。
②继续进行边缘钩织。

白色小垫子

[准备材料]
线/ 棉线 10g
针/ 钩针 5/0号

[制作方法]
※用1股线钩织
①钩织34针锁针，之后钩织15行方
　眼花样。
②继续进行边缘钩织。

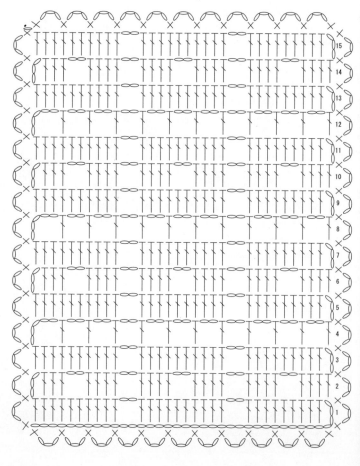

套装双面小物收纳盒的制作方法　　作品P6、P7

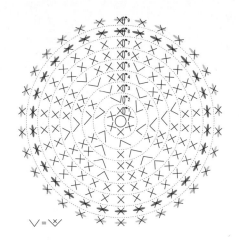

∨ = ∨

小物收纳盒（小）

[准备材料]
a线/ 灰色 10g
b线/ 米褐色 少量
c线/ 红色 少量
针/ 钩针 9/0号

[制作方法]
※用2股线钩织
①用a线进行环形起针，之后进行加针，钩织5圈。
②无加减针钩织4圈，然后用b线和c线进行引拔钩织。

小物收纳盒（中）

[准备材料]	**[制作方法]**
a线/ 红色 25g	※用2股线钩织
b线/ 米褐色 少量	①用a线进行环形起针，之后
c线/ 灰色 少量	进行加针，钩织6圈。
针/ 钩针 9/0号	②无加减针钩织5圈，然后用
	b线和c线进行引拔钩织。

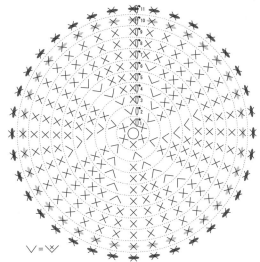

∨ = ∨

∨ = ∨

小物收纳盒（大）

[准备材料]
a线/ 米褐色 40g
b线/ 红色 少量
c线/ 灰色 少量
针/ 钩针 9/0号

[制作方法]
※用2股线钩织
①用a线进行环形起针，之后进行加针，
　钩织7圈。
②无加减针钩织6圈，然后用b线和c线进
　行引拔钩织。

37

应用篇

　　了解了钩针的基本钩织方法后，接下来就是学习各种各样的钩织方法和技巧了。将不同的钩织方法组合起来，不仅能制作出多种形状和花样，还能变换作品的样式。从钱包、手提包等杂物到发饰、披肩等时尚小物，除了钩织各种款式的物品外，还可以试着挑战一下自己的设计哦。

小餐垫（制作方法和编织图见P91）

笔袋（制作方法和编织图见P90）

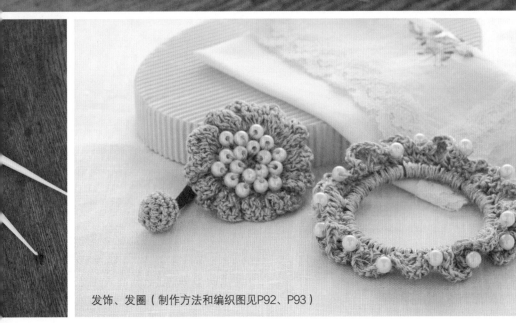

发饰、发圈（制作方法和编织图见P92、P93）

1 钩织花纹

钩织花纹是指用两色或两色以上的线或其他不同种类的毛线钩织出彩色作品的方法。根据花纹的不同，渡线的方法也有所不同。

单行的花纹 ……长针钩织的情况

不断线暂时停止钩织，在换线的那行顶端引拔钩织新线。每行都换线的环两端都会有渡线。

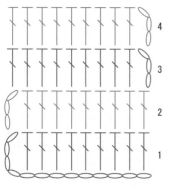

〈正面〉　　　　　　　〈反面〉

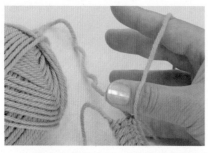
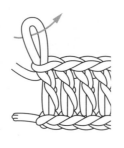

1 第1行钩织结束时，按照箭头所示方向将线团穿过线圈，拉紧线后暂时停止钩织。

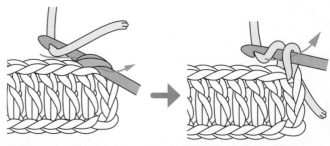

2 钩针插入第1行起立针的第3针锁针里，将里山和半针的2根线挑起，挂上配色线后开始钩织第2行。

3 用配色线钩织3针起立针,然后继续钩织长针。

4 钩织第2行的最后1针时,用第1行暂时停止钩织的线进行引拔钩织,然后再将配色线放开,暂时停止钩织。

5 钩针3针起立针后,变换编织物的方向。

6 继续钩织第3行。

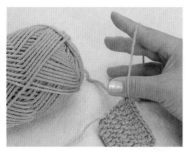

7 最后与步骤1相同,将线团从线圈中穿过,拉紧线,之后暂时停止钩织。

8 插入钩针,将第3行起立针的第3针锁针的里山和半针的2根线挑起。

9 将步骤4中暂时停止钩织的配色线引拔出,注意不要钩到顶端的渡线。

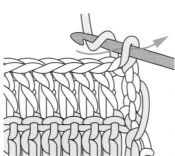

10 钩织第4行的3针起立针,然后继续钩织。

两行的花纹 ……长针钩织的情况

每2行替换配色线时，只在一侧渡线。从下往上渡线暂时停止钩织时，注意不要钩到线。

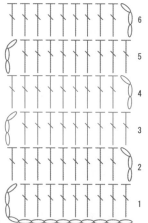

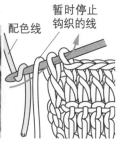

配色线　暂时停止钩织的线

1

引拔钩织第2行最后的针目时，将配色线挂在针上引拔钩织。同时将暂时停止钩织的线从外侧拉到内侧挂好。

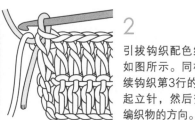

2

引拔钩织配色线后如图所示。同样继续钩织第3行的3针起立针，然后变换编织物的方向。

〈正面〉

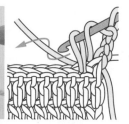

3

用配色线钩织长针。

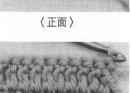

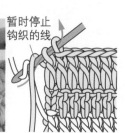

暂时停止钩织的线

4

钩织到第4行顶端时，将第2行暂时停止钩织的线挂到钩针上，然后引拔钩织最后1针。同时将暂时停止钩织的线从外侧拉到内侧挂好。

〈反面〉

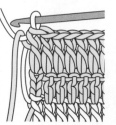

5

引拔钩织完成。钩织第5行的3针起立针，然后变换编织物的方向继续钩织。

环形钩织替换线 ······短针钩织的情况

环形钩织替换线的方法是在每圈的最后1针即将完成时换上配色线引拔钩织。

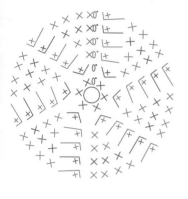

〈正面〉

〈反面〉

1 环形起针之后钩织2圈，引拔钩织最后的短针时将配色线挂到针上。第1、2圈的线暂时停止钩织。

2 引拔钩织配色线后如图所示。

3 将钩针插入圈中最初短针的头针锁针2根线中钩织。

4 引拔钩织的针目拉紧缩小后，钩织1针起立针。继续钩织第3、4圈。

5 第4圈最后的短针钩织完成时，将刚才暂时停止钩织的线挂到钩针上。

6 引拔钩织暂时停止钩织的线如图所示。继续钩织第5、6圈。每圈引拔针的针目都拉紧缩小，这样钩织出的针目更漂亮整齐。

纵向渡线 ……长针钩织的情况

钩织条纹和大花样时适合采用这种方法。停止钩织的线直接在反面渡线。

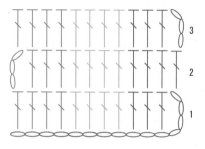

1 替换新线（B线）之前钩织长针时，要将新线（B线）挂在针上进行引拔钩织。

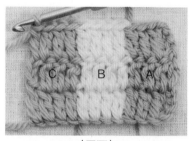

〈正面〉

2 引拔拉出B线。继续用B线钩织长针。

〈反面〉

3 替换C线时，钩织方法与步骤1相同。

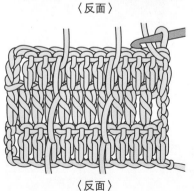

〈反面〉

4 第1行钩织结束时，钩织3针起立针，然后变换编织物的方向。

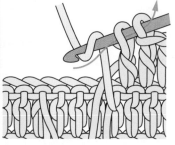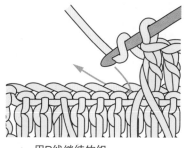

5 替换B线之前钩织长针时，将C线放在内侧暂时停止钩织，然后将B线挂在钩针上，引拔钩织。

6 用B线继续钩织。

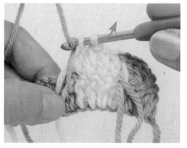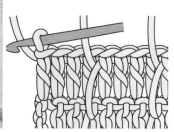

7 替换A线时，钩织方法与步骤5相同。

8 钩织完2行后，反面如图所示。

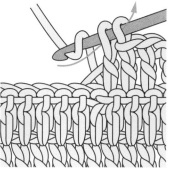

9 第3行用B线替换A线的方法与步骤1相同，替换之前先钩织长针，然后将B线引拔拉出。

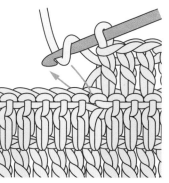

10 用B线继续钩织，替换C线时的方法也相同。

※ A线=绿色，B线=奶油色，C线=蓝色

钩织时藏好渡线 ……长针钩织的情况

渡线既不会出现在正面，也不会出现在反面。在分开的地方渡线时不会穿过正面，因此不用担心钩到线。同时，正反面看到的花样都相同，可以两面使用。

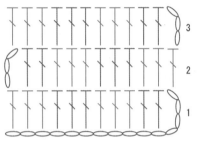

1　替换B线之前钩织长针时，要将B线挂到针上引拔出。

2　A线、B线的线头同时捏好，与上一行针目头针的锁针（这里是起针的平针）平齐。

〈正面〉

3

A线和B线的线头与上一行（起针）平齐放好后，针上挂线，钩织长针。

4

按照同样的方法重复步骤1~3，继续钩织长针。A线和B线的线头藏在长针中，不会露在表面。

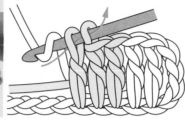

5

再次替换A线时，用B线钩织最后的长针，然后将A线挂到钩针上引拔出。B线与上一行（起针）平齐捏好。

6

按照步骤5的方法，再用B线替换A线。

7

钩织到行尾时，将暂时停止钩织的线（B线）从内侧拉到外侧，越过钩针，再挂上A线引拔出。

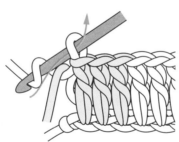

8

引拔出A线后如图所示。再次挂上A线，钩织3针起立针。

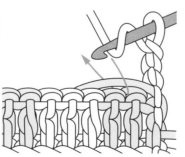

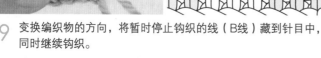

9 变换编织物的方向，将暂时停止钩织的线（B线）藏到针目中，同时继续钩织。

※ A线=绿色，B线=蓝色

10 重复步骤1~8，继续钩织。

短针钩织的情况

与长针的情况相同，将渡线藏在针目中。短针可以用于钩织较小的花样。

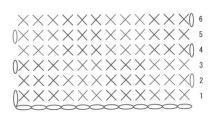

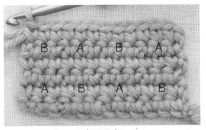

〈正面〉

1

替换新线之前先钩织短针，挂上新线（B线）后引拔出。

2

A线、B线的线头与上一行（这里是起针）平齐捏好，与上一行（起针）一同挑起钩织短针。

3

用B线钩织最后1针时，将暂时停止钩织的A线挂在钩针上，再引拔出。

4

钩织到行尾时，将A线从外侧挂到钩针上，用B线钩织1针起立针（针上只挂A线）。

5

变换编织物的方向。将A线与编织物平齐捏好，继续钩织。

2 边缘钩织

为了装饰和加固编织物而钩织的边缘称为边缘钩织。拼接2块编织物时也会用到边缘钩织。

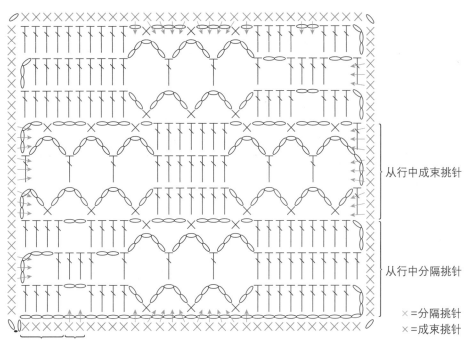

从行中成束挑针

从行中分隔挑针

×=分隔挑针
×=成束挑针

从起针分隔挑针　　从起针成束挑针

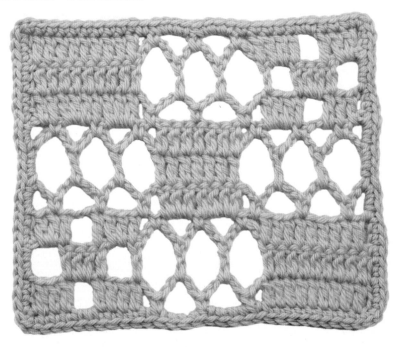

从起针挑针

即在编织物针目紧密的部分一针一针挑针。钩织围巾的边缘时常采用这种方法。

1 钩针插入起针最初的针目中挑起（将起针剩余的线挑起），引拔拉出边缘钩织的线。

2 钩织1针起立针，然后插入钩针，2根线都与编织物平齐捏好，挑针的同时钩织短针。

3 边缘钩织的1针短针完成。线头与编织物平齐，钩织时藏到针目中，处理好。

4 继续挑起长针，钩织短针。

从起针成束挑起

即在钩织网状花样等镂空部分时，将起针的锁针成束挑起。

在镂空花样的部分将锁针挑起，进行边缘钩织。

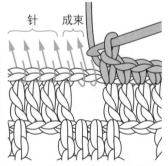

针目紧密的部分，将起针中剩下的线挑起，镂空的部分成束挑起。

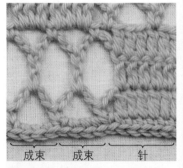

编织物中分隔的部分和成束挑起的部分。

将行间的针目分隔，成束挑针

在编织物针目紧密的部分就将起立针或者长针的尾部分隔挑起钩织。如果编织物上镂空的部分较多，就将起立针或者锁针的尾部成束挑起钩织。

1

完成起针侧的边缘钩织后，转到行。钩织1针锁针，然后在行一侧继续进行边缘钩织。

2

从锁针开始，将各针的半针和里山2根线挑起，织入短针。

3

从长针开始，将尾部的2根线挑起，钩织短针。

4

镂空的部分将长针的尾部（或者锁针）成束挑起，钩织短针。

● 行间针目的挑针方法

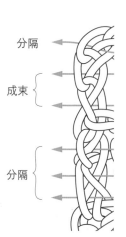

分隔

成束 {

分隔 {

顶端的针目是长针和短针时，将2根线挑起。

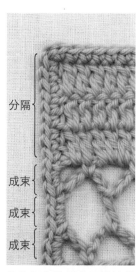

分隔

成束
成束
成束

将编织物的行分隔挑针的部分和成束挑针的部分。

从钩织终点挑针

1

行的边缘钩织完成后，钩织1针锁针，然后按照箭头所示方向将钩针插入行间头针的锁针中，钩织短针。

2

将编织物上镂空的部分成束挑起钩织。

3 钩织花样

1块花样就能做餐垫或杯垫，多块拼接即可做成手提包或者靠垫等，有趣吧？另外花样也不只有平面钩织的，还有立体钩织。

钩织四方形的花样

即用长针和短针钩织的花样。边角进行加针（编织图见P54）。

▌▌第1行

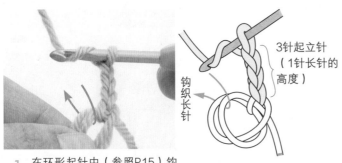

3针起立针
（1针长针的高度）

钩织长针

1 在环形起针中（参照P15）钩织3针起立针。

2 在圆环中钩织2针长针，然后继续钩织3针锁针。

3 再在圆环中钩织长针。

4 重复同样的方法，钩织4边。

5 线头拉紧，缩小圆环（参照P16）

6 将钩针插入钩织起点处立起第3针锁针的半针和里山中，引拔钩织。

7 第1行钩织完成后如图所示。

第2行

3针起立针

8 钩织3针起立针和1针锁针。针上挂线，插入边角锁针的下方。

9 钩织3针长针，然后继续钩织3针锁针。

10 在步骤9中织入3针长针的地方，再钩织3针长针。然后按同样的方法，重复钩织其他3边。

11 钩织结束时，按箭头所示方向插入箭头，成束挑起，引拔钩织。

12 继续钩织立起的锁针，按照第2行的要领钩织第3行。最后用手缝针处理线头（参照P80）。

用手缝针穿线时

用手缝针穿线时的方法与裁缝的穿针要领不同，尤其是在花样钩织中用手缝针处理线头时区别更大，要留心掌握。

1 捏住手缝针，线头稍微折叠，用左手大拇指和食指的指腹压住。

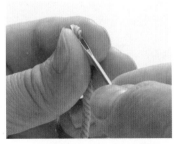

2 将线的折叠处穿过针鼻，穿线时像挤压着一般穿过。

按照图示方法松开大拇指。折叠处穿过后将线拉出。

钩织各式花样

四方形、圆形、六边形、八边形等花样形状多变，再变换不同钩织方法和颜色，样式更五花八门。

● 四方形花样

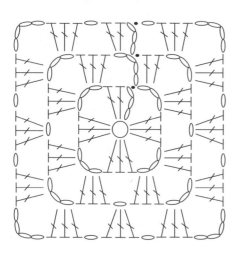

● 圆形花样

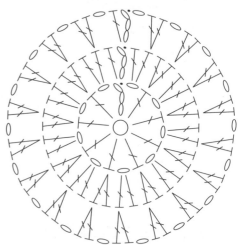

一般花样钩织结束时的处理方法

用手缝针处理花样的钩织终点会更平整漂亮。

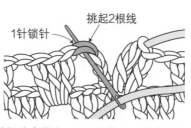

挑起2根线

1针锁针

1　将钩针上的线圈引拔抽出，钩织终点留出10cm的线头，穿过手缝针。然后从内侧将针插入行首起立针的下一针头针锁针的2根线中，从外侧穿出。

2　手缝针插入露出线头的锁针中，从编织物的反面穿出。

●六边形花样

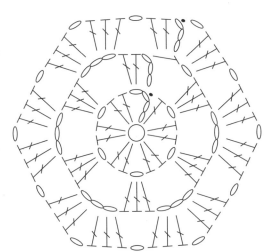

●八边形花样

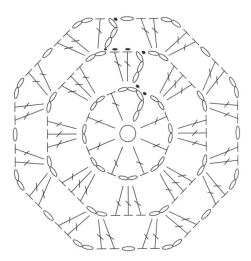

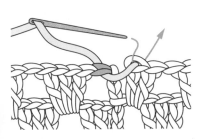

3 穿过大约钩1针锁针用的线，线头处理好，藏到编织物反面（线头的处理方法参照P80）。

专栏 用各种线钩织花样

蕾丝线、毛线、麻线等种类多样，可选用各种粗细、颜色、材质不同的线，钩织同一种花样试试看。每一种都会呈现不同的感觉。

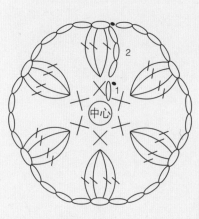

40号蕾丝线
蕾丝针8号

粗蕾丝线
蕾丝针0号

极细马海毛
钩针3/0号

粗棉线
钩针4/0号

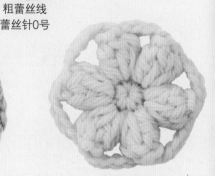

中粗毛线
钩针5/0号

花样的应用

小花样适合放在毛衣、大衣衣襟、围巾、手提包、帽子等服饰中做点缀，还可以为居家鞋、钱包等增添几分可爱感。

简单自然、时尚流行的围巾

加上同色系的花样，立即变身为时尚、简洁的围巾。

素雅的帽子增添了几分魅力

冬天的帽子加上一朵用极粗毛毡线钩织的花样。

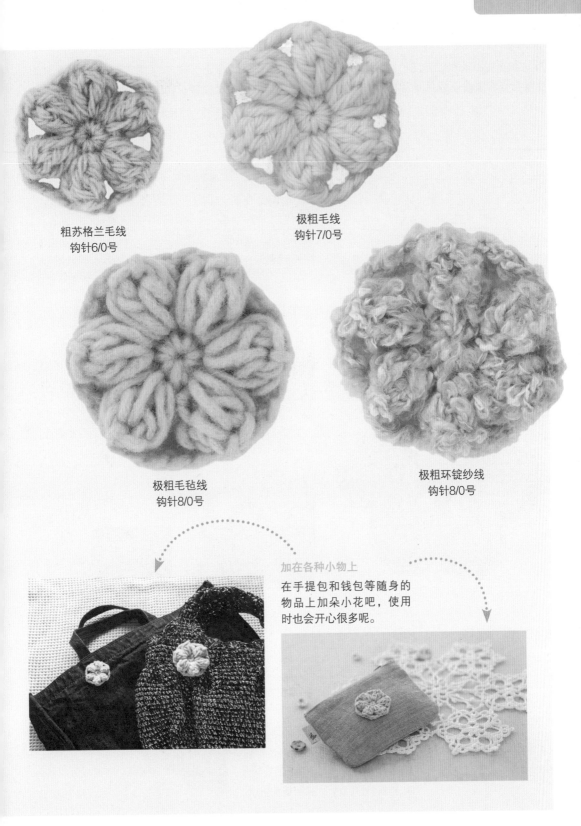

粗苏格兰毛线
钩针6/0号

极粗毛线
钩针7/0号

极粗毛毡线
钩针8/0号

极粗环锭纱线
钩针8/0号

加在各种小物上
在手提包和钱包等随身的
物品上加朵小花吧，使用
时也会开心很多呢。

钩织立体花样

立体花样和重叠花瓣是非常有人气的钩织方法。每行都正反面交替，钩织时更顺畅。

2针锁针

1针长针

3针起立针
（1针长针的
高度）

1　在双环起针中（参照P15）钩织3针起立针和2针锁针。针上挂线后将圆环挑起，钩织长针。

2针锁针

1针长针

2　钩织2针锁针、1针长针，然后重复5次钩织花瓣底。线拉紧，中央呈环状（参照P16）。

3　最后，将钩针插入起立针的第3针锁针的里山和半针中引拔钩织。

1针起立针

4　钩织1针起立针，按照箭头所示方向插入钩针后织入1针短针。

5　短针钩针完成后的样子。

6

按照步骤4的方法插入钩针，织入1针中长针。

7

再钩织3针长针。

8

钩织1针中长针、1针短针，1片花瓣完成。按照同样的方法，重复钩织6片花瓣。

9

钩织结束时，将钩针插入钩织起点短针头针的锁针2根线中，引拔钩织。

第3圈

10 钩织1针起立针，接着钩针不动，按照箭头所示方向转动编织物。

11 之后看着花样的反面钩织。

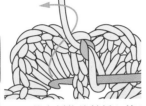

12 从右侧将钩针插入第1圈的起立针中，按照箭头所示方向挂线后引拔拉出。

13

再次在针上挂线引拔拉出，然后钩织短针（短针的正拉针）。

14 钩织完正拉针后如图所示（编织图反映的是从正面看到的状况，因此是反拉针的记号）。

5针锁针

15 钩织5针锁针，然后将钩针横向插入第1圈的长针中。

16 针上挂线后引拔拉出，钩织短针的正拉针（参照P59的步骤12、13）。

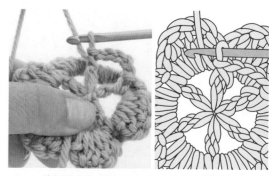

17 外侧的花瓣底钩织完成。重复步骤15、16，钩织第3圈。

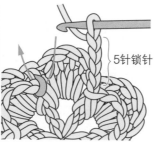

5针锁针

18 最后，钩织5针锁针，之后将钩针插入钩织起点短针头针的锁针2根线中，引拔钩织。

第4圈

1针起立针

19 钩织1针起立针，按照箭头所示方向，将编织物翻到正面。

20 翻到正面后如图所示。

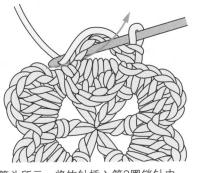

21 花瓣向内侧倾斜，按照箭头所示，将钩针插入第3圈锁针中，成束挑起钩织短针。

22 短针钩织完成。

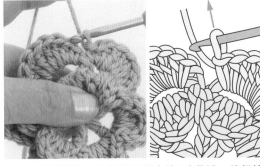

23 继续钩织1针中长针、5针长针、1针中长针、1针短针，外侧花朵的1片花瓣钩织完成。

24 用同样的方法钩织完剩余的5片花瓣。钩织结束时留出10cm的线头后剪断，从线圈中穿出。

●处理线头 ••

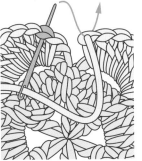

在反面处理线头

25 将钩织终点的线头穿过手缝针，然后将针插入从钩织起点数起的第2针的头针锁针2根线中，从外侧穿出。再将针插入露出线头的针目的头针锁针中，从反面穿出。

26 在反面处理线头。

61

专栏　**如何替换花瓣颜色?**

第3圈的拉针要正面向上钩织。如果是两色花瓣的花样，要将相邻短针的尾针一针针挑起钩织短针，正面才看不到花瓣底。

八字挑针

1　用八字挑针代替第3行短针的正拉针，将钩针插入花瓣间的2根线中，挑起后钩织短针。

2　短针钩织完成后如图所示。

3　钩织5针锁针，之后将钩针插入八字中钩织。最后将钩织起点短针的头针锁针2根线挑起，引拔钩织。

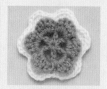

拉针织成的花样　　八字挑针织成的花样

专栏　**网状花样钩织结束时的处理**

钩织网状花样时，最后少钩1针锁针，用手缝针织1针锁针处理。

1　最后少钩1针短针，留出10cm的线头后剪断线（图中是4针）。将针上的线圈取出，穿到手缝针中。针插入钩织起点短针的头针锁针2根线中，从外侧拉出。

2　从内侧将针插入线穿出的针目中。

3　将线圈整理成1针锁针的大小，翻到反面后按照箭头所示插入针，处理线头（参照P80）。

4 边钩织花样边拼接的方法

即钩织1块花样，并且在钩织下一块花样的最终行时与其拼接的方法。适用于圆形花样和网状花样。

用引拔针拼接

钩织最终行的同时将钩针插入第1块的锁针线圈中，成束挑起引拔钩织。这是最简单的拼接方法。

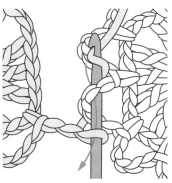
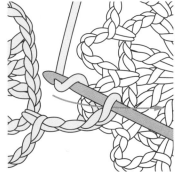

1 钩织2针锁针，将第1块花样的锁针成束挑起，引拔钩织。

2 继续钩织2针锁针，之后在第2块花样中钩织短针。

3 下一个拼接位置也按同样的方法钩织。

换线后引拔拼接

颜色不同的花样用此方法拼接，就像互相调换了锁针一样。

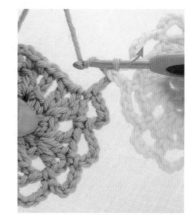

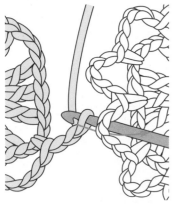
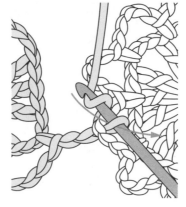

1 在拼接位置的内侧钩织2针锁针，然后暂时将钩针取出。按照图片所示，将钩针插入第1块花样中，将之前的线圈引拔拉出。

2 针上挂线后引拔钩织，钩织2针锁针，之后在第2块花样中钩织短针。

3 下一个拼接位置也按同样的方法钩织。

引拔钩织分隔拼接

颜色不同的花样用此方法拼接，这样各花样的针目就不会交叉在一起了。

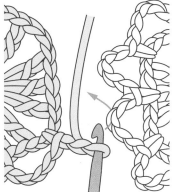
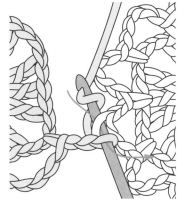

1 在拼接位置的内侧钩织2针锁针，然后将钩针插入第1块花样锁针的半针和里山中挑起钩织。

2 针上挂线后引拔钩织，钩织2针锁针，之后在第2块花样中钩织短针。

3 下一个拼接位置也按同样的方法钩织。

用短针拼接

一边钩织最终行，一边将钩针插入第1块花样的锁针线圈中，钩织短针的同时完成拼接。

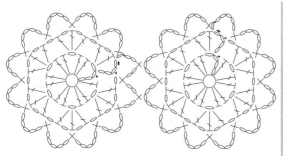

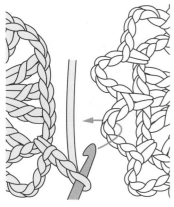
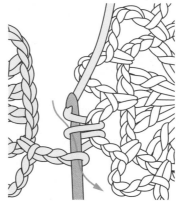
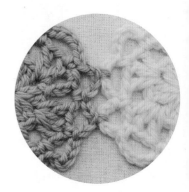

1 在拼接位置的内侧钩织2针锁针，然后将钩针插入第1块花样的锁针中，成束挑起。

2 针上挂线后引拔钩织，再次在针上挂线引拔钩织（短针）。继续钩织2针锁针，然后在第2块花样中钩织短针。

3 下一个拼接位置也按同样的方法钩织。

用长针连接花瓣尖

将花样的花瓣尖与另一块花样相连，用长针拼接。

 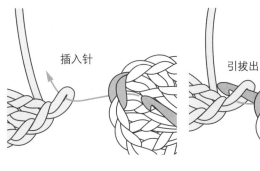

插入针

引拔出

1 钩织到拼接位置的内侧时，暂时将钩针取出，然后插入第1块长针头针的锁针2根线中，将之前的线圈引拔拉出。

2 针上挂线，在第2块花样中钩织长针。

3 1片花瓣连接完成。再用同样的方法连接下一片花瓣。

用引拔针拼接4块花样

拼接4块花样时，第3、4块花样的边角不要与第1块花样连接，而要与第2块花样连接。

※第1块=粉色，第2块=浅蓝色，第3块=红色，第4块=深蓝色

●第1块与第2块拼接 ·····················

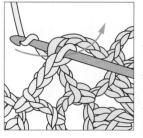

1 在拼接位置（编织物中引拔出的位置）的内侧钩织3针锁针，之后将第1块花样边角的锁针分隔开，插入钩针后引拔拉出。

2 边角连接后如图所示。再钩织3针锁针，剩下的两个地方也用引拔针拼接。

3 两块花样拼接后如图所示。

● 拼接第3块

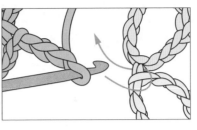

4 在拼接位置的内侧钩织3针锁针，然后按照箭头所示在第2块花样的引拔针尾针2根线处插入钩针。

5 针上挂线后引拔钩织。剩下的两个地方也用引拔针拼接。

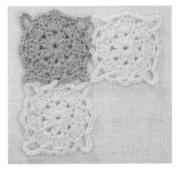

6 第3块花样拼接完成。

● 拼接第4块花样

7 在拼接位置的内侧钩织3针锁针，然后在第2块花样的引拔针尾针2根线处插入钩针。

8 针上挂线后引拔钩出。4块花样的中央连在一起后钩织锁针，剩下的两个地方也用引拔针拼接。

专栏 使用塑料环拼接连续花样的方法

使用塑料环可以钩织出形状平整漂亮的花样。另外，拼接花样时也可以不用剪断线，能省去处理线头的繁琐。

1 第1朵花的第3片花瓣钩织到一半时织入3针锁针。

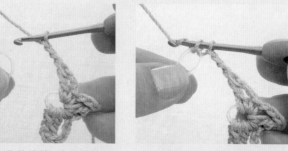

2 在第2朵花的塑料环中钩织短针，然后继续钩织到第6片花瓣的一半。

3 钩织到第2朵花结束时，按照箭头所示将钩针插入第1朵花的第3片花瓣尖中。

4 针上挂线，引拔钩织。

5 第1朵与第2朵连接，钩织3针锁针之后如图所示。继续在第1朵花的塑料环中钩织短针。

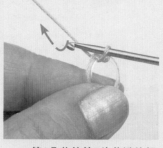

6 第1朵花的第5片花瓣钩织到一半时织入3针锁针，然后在第3朵花的塑料环中钩织短针。

7 按照第4~7朵的顺序继续钩织，将第6、3、1朵剩余的部分钩织完成后即可。

5 拼接方法

编织物行与行的拼接称为接缝，针与针的拼接称为订缝。接缝和订缝有很多种。

行与行拼接的接缝法

选用的钩针比钩织编织物时用的细1号，钩织起来更方便。

●锁针引拔接缝

长针编织物和镂空花样等常用接缝法。明确接缝的位置后缝起来更方便。

1 两块编织物正面相对合拢拿好，然后将钩针插入格子顶端的针目中，针上挂线后引拔钩织。

2 引拔钩织后如图所示。

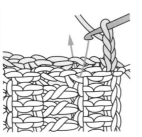

3 钩织出高度约为1针长针高的锁针针数（此处是3针锁针），之后将此行头针的针目分隔开，按照箭头所示插入针。

4 针上挂线，引拔钩织。

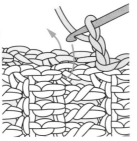
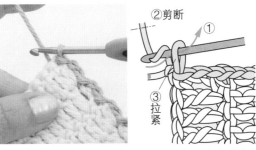

5 再次织入2针锁针，按照同样的方法引拔钩织。

6 钩织到顶端时，接缝终点再次在针上挂线引拔钩织，然后将针目拉紧。

②剪断
①
③拉紧

●引拔针接缝 ••

此种接缝方法可防止编织物变形，且接缝的位置也较醒目。但接头处易松动，不推荐用于粗线钩织的编织物。

1 两块编织物正面相对合拢，将钩针插入各自顶端的针目中，针上挂线后引拔拉出。

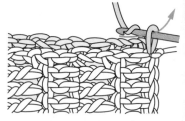

2 再次在针上挂线，引拔拉出。

3 将编织物顶端的1针分隔开，插入钩针，针上挂线后引拔拉出。

4 钩织完1针引拔针后的样子。

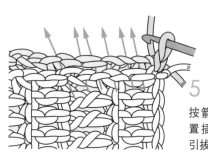

5 按箭头所示位置插入钩针，引拔钩织。

6 在1行长针中每3针进行1次引拔钩织。接缝时注意保持编织物的平整，防止结头过于显眼。

②剪断
①
③拉紧

7 钩织到顶端后，在接缝终点再次在针上挂线，引拔钩织。

●锁针上的短针接缝 ···
在锁针引拔接缝的部分织入短针。

1 两块编织物正面相对合拢，将钩针插入格子顶端的针目中，引拔拉出线，织入1针短针。

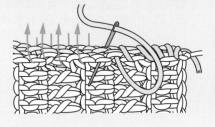

2 钩织长度可以穿过下一行的锁针针数（此处钩织了2针），然后分别将两块编织物行顶端头针的针目分隔开，织入短针。如此重复钩织。

专栏 **使用手缝针接缝的方法**

卷缝法
是初学者也容易掌握的方法，但接缝处十分明显。

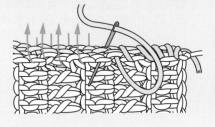

两块编织物正面相对合拢，将锁针针目分隔开后，从外侧插入钩针，然后按照图片所示卷缝。插针的间隔以1针长针中插两次为宜。

订缝法
简单速成，但接缝处稍厚。

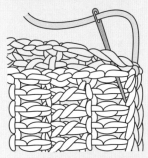

1 两块编织物正面相对合拢，从外侧插入针，内侧拉出。

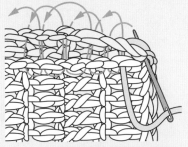

2 针返回到钩织前顶端的针目中，从外侧拉出（返回缝1针）。接着按照箭头所示插入针接缝。插针的间隔以1针长针中插两次为宜。

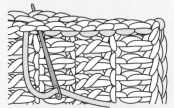

3 重复"返回缝1针，再穿针"，按此方法接缝。

针与针的订缝拼接方法

订缝时，如果是粗线，要将线分开，使用细线。它分为钩针订缝法和手缝针订缝法两种。

●锁针引拔针订缝 ···

此方法适用于细线~中粗线钩织的镂空花样。

1 两块编织物正面相对合拢，钩针插入各自顶端的针目中，挂线后引拔钩织。

2 钩织锁针，长度与到下一个拼接位置的距离相同。

3 将钩针插入两块编织物接缝处针目头针的锁针2根线中，引拔钩织。

4 重复钩织锁针和引拔针。

5 订缝到顶端时，再次在针上挂线引拔钩织，然后拉紧线。

●引拔针订缝 ···

简单速成的方法，但接缝处较厚，不适用于粗线编织物。

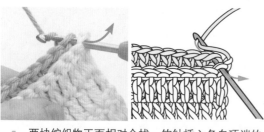

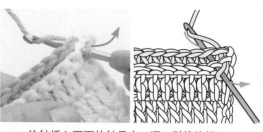

1 两块编织物正面相对合拢，钩针插入各自顶端的针目中，挂线后引拔拉出。

2 钩针插入下面的针目中，逐一引拔钩织。

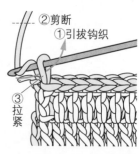

②剪断
①引拔钩织
③拉紧

3 订缝完1针后如图所示。

4 订缝到顶端时，再次在针上挂线引拔钩织，然后拉紧线。

●卷缝拼接

适合初学者的简单方法，但接缝处较显眼。使用手缝针。

全针（逐一挑起针目头针的锁针1根线）

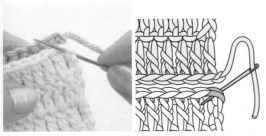

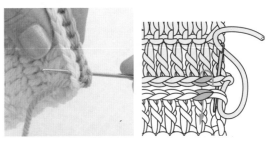

1 两块编织物正面朝外合拢对齐，手缝针从顶端的针目中从外向内拉出。

2 接下来，将两块编织物各自针目的头针锁针2根线挑起卷缝。

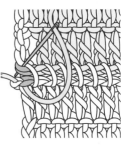

3 订缝完1针后的样子。之后的针目也按同样的方法订缝。

从正面看的样子。两端针目中插入两次针。

半针（逐一挑起针目头针的1根锁针线）

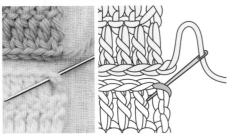

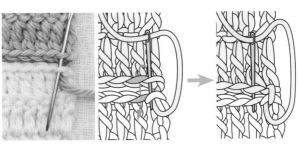

1 两块编织物正面向上，将它们对齐，手缝针从顶端的针目中由外向内拉出。

2 按照图中箭头所示插入针，卷缝。

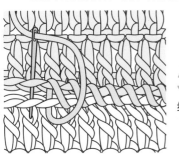

3 继续卷缝。

从正面看的样子。两端针目中插入两次针。

6 花样钩织完成后再拼接的方法

花样钩织完成后再拼接的方法适用于直边的花样。先钩织好花样，再将它们整理拼接。

用锁针和短针拼接

在花样和花样间织入锁针，用短针拼接。锁针数视花样的设计而定。

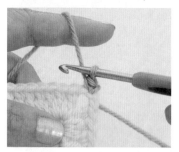

1 在第1块花样的边角中央的针目中织入短针。

2 钩织3针锁针，将第2块花样边角的锁针分隔开，然后从正面插入钩针。

3 钩织短针。

4 钩织3针锁针，将钩针插入第1块花样顶端数起第3针长针头针的锁针2根线中，织入短针。

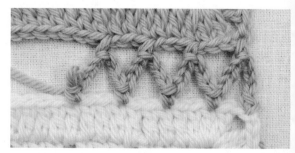

5 按照同样的方法，重复钩织。

用锁针和长针拼接①

用1针或2针方眼钩织将花样与花样拼接。

1 从第1块花样边角的锁针中将线拉出，然后织入3针锁针。针上挂线，从反面将钩针插入第2块花样边角的锁针中。

2 在第2块花样中钩织长针、2针锁针后如图所示。接着将钩针插入第1块花样顶端数起第3针长针头针的锁针2根线中，织入未完成的长针（参照P108）。

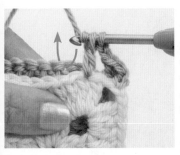

3

在第1块花样中钩织未完成的长针后如图所示。再从反面将钩针插入第2块花样中，钩织未完成的长针。

4

针上挂线，引拔穿过针上所有的线圈。

5

引拔穿出线后如图所示。

6 按照同样的方法，重复钩织。

用锁针和长针拼接②

在花样与花样间钩织锁针连接，然后用长针缝合花样。锁针的针数取决于花样的设计。

※步骤1和步骤2与"用锁针和长针拼接①"的相同。但是步骤2中的2针锁针变成3针

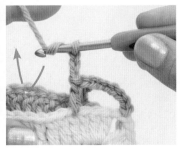

3

从正面插入钩针，将第1块花样中第5针长针头针的锁针2根线挑起，钩织长针，然后再织入3针锁针。

4

从反面插入钩针，将第2块花样中第5针长针头针的锁针2根线挑起，钩织长针。

5

钩织3针锁针，重复钩织步骤3、4。

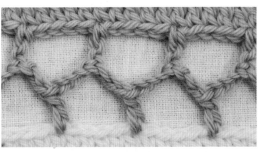

6 按照同样的方法，重复钩织。

用锁针和引拔针拼接

在花样与花样间钩织锁针，然后用引拔针拼接。锁针的针数取决于花样的设计。

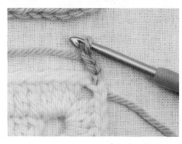

1
从第1块花样边角的锁针中将线引拔出，钩织3针锁针。

2
从正面插入钩针，将第2块花样边角的锁针分隔开，针上挂线后引拔出。

3
钩织3针锁针，从正面插入钩针，将第1块花样顶端数起的第2针长针头针的锁针2根线挑起，针上挂线后引拔出。

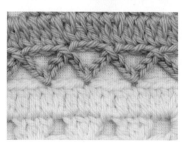

4
同样地，重复钩织锁针和引拔针，完成两块花样的拼接。

用引拔针拼接 4 块花样

可以迅速地完成拼接，但接缝处有些松动。

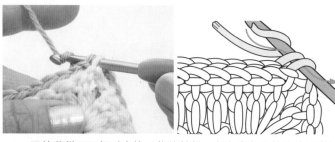

1
两块花样正面相对合拢，将钩针插入各自边角锁针的外侧半针中，针上挂线后引拔出。

2
引拔拉出线后的样子。

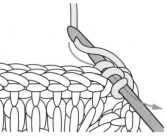

3
之后也是将钩针插入各自锁针的外侧半针中，针上挂线后进行引拔钩织。

4
织完1针引拔针后的样子。

5

同样地，钩织5针引拔针。

6

钩织第1、2块花样的末尾时，继续拼接第3、4块。第3、4块花样也正面相对合拢，按照步骤1的方法拼接。

7

针上挂线后引拔钩织，第3、4块花样拼接完成。然后继续钩织引拔针。

8

横边与横边相连的样子。按照同样的方法，用引拔针将纵边相连。

卷缝拼接 4 块花样

卷针的针脚平整漂亮，可以将边与边连接。

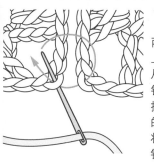

1

两块花样正面向上、平放对齐。针从左侧花样边角的针目中穿出，然后插入右侧花样边角的针目中，之后再将左侧花样边角的针目挑起。

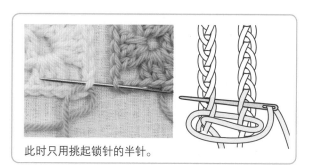

此时只用挑起锁针的半针。

2

之后按照同样的方法，将锁针外侧的半针挑起后卷缝拼接。

3

两块花样拼接后的样子。

4

移动到第3、4块花样时，斜着渡线，然后按照同样的方法将锁针外侧的半针挑起。

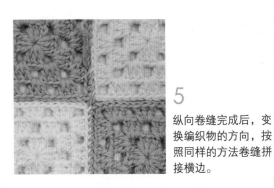

5

纵向卷缝完成后，变换编织物的方向，按照同样的方法卷缝拼接横边。

专栏 **线头的处理方法**

钩织起点和终点的线头要用手缝针藏到编织物的反面。处理时要仔细，注意不要使线头露在编织物正面。

钩织起点的线头

将手缝针插入编织物中，从正面看不出痕迹，然后将线剪断。

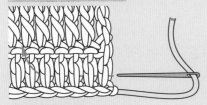

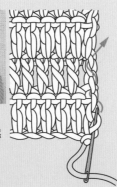

将线穿过顶端的针目，如同缠在其中一样，然后将线剪断。

钩织终点的线头

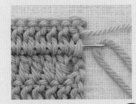

将手缝针插入编织物中，从正面看不出痕迹，然后将线剪断。

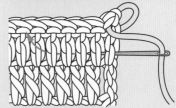

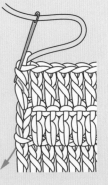

将线穿过顶端的针目，如同缠在其中一样，然后将线剪断。

7 织入串珠

织入串珠能增添作品的华丽感。1针中织入两三颗都可以，织入的方法也多种多样。

将线穿入串珠的方法

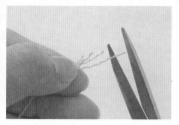

1 斜着修剪毛线，将捻好的线头拆开，每根线的长度都进行修剪。

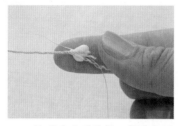

2 取出穿串珠的线，线头与毛线合拢，然后涂上手工用黏合剂。

3 等黏合剂干后，穿入必要的串珠。

织入串珠的方法

●锁针

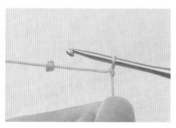

1 钩织起针，将串珠移到针目边。

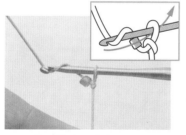

2 针上挂线后引拔钩织，织入锁针。

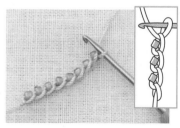

3 重复步骤1和2，串珠即织入锁针的里山中。

●短针

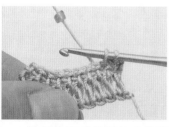

1 钩织未完成的短针（参照P108），在引拔拉出线之前，将串珠移动到针目边。

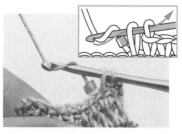

2 针上挂线后引拔钩织，串珠即织入内侧。

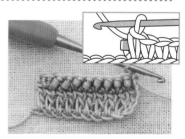

3 重复步骤1和2。从内侧看到的样子如图所示。

●长针 ••••••••••••••••••••••••••••••••

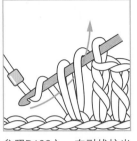

1 钩织未完成的长针（参照P108），在引拔拉出线之前，将串珠移动到针目边。

2 针上挂线后引拔钩织，串珠即织入内侧。

3 重复步骤1和2。从内侧看到的样子如图所示。

●引拔针 ••••••••••••••••••••••••••••••••

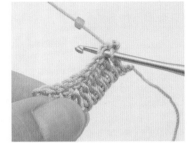

1 将钩针插入上一行的针目中，将串珠移动到针目边。

2 针上挂线后引拔钩织，串珠即织入内侧。

3 重复步骤1和2。从内侧看到的样子如图所示。

试着在长针中织入3颗串珠吧

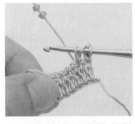

1 钩织未完成的长针（参照P108），在引拔拉出线之前，将2颗串珠移动到针目边。

2 针上挂线，引拔穿过2个线圈。

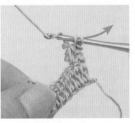

3 再移动1颗串珠到针目边，然后针上挂线，穿过剩下的线圈。

4 重复步骤1~3。从内侧看到的样子如图所示。

串珠镶边更加时尚

串珠钩织出的饰边在各种蕾丝边中非常受欢迎。款式不同，使用的方法也多种多样。钩织出必要的长度用来装饰一下吧（镶边的制作方法见P152）。

缠在玻璃杯子的杯口

可用在透明的玻璃杯子的杯口做装饰。有这样的小杯子，房间都能变得更透亮呢！

大书签

可以用作大书本的书签。

缝在T恤和衬衣的领口

缝在T恤和衬衣的领口，时尚独特。牛仔裤的口袋、手提包或小钱包，加上镶边后更显高贵个性。

8 纽扣眼、纽扣圈

分为边钩织边留出扣眼和钩织完后再打扣眼两种方法。不论是哪一种，在边缘钩织挑针的时候就要确定好纽扣眼的位置。

短针钩织的纽扣眼

根据纽扣的大小钩织锁针，然后在上面钩织短针。锁针的长度要比纽扣的直径稍微短一些。

1 确定好纽扣眼的位置后，根据纽扣的大小钩织出相应数目的锁针（此处为3针）。

2 然后在上一行跳过相同的针数（此处是3针），之后钩织短针，直到顶端。

3 下一行继续钩织短针，直到纽扣眼的位置。

4 将纽扣眼锁针的里山挑起后织入短针。

5 纽扣眼钩织完成后的样子。

短针钩织的纽扣圈

纽扣圈要比纽扣稍微小一些。

1 决定好纽扣圈的位置后，根据纽扣的大小钩织出相应数目的锁针（此处为7针）。

2 暂时将钩针取出，然后再从右侧的短针处（此处是第6针）插入，从刚才取出的针目中引拔出，织入1针引拔针。

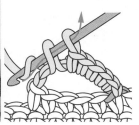

3 将锁针成束挑起后继续钩织短针（此处钩织8针）。

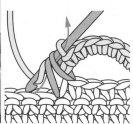

4 最后将短针头针的半针和尾针挑起引拔钩织。

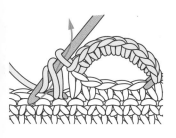

5 继续在此行钩织短针。

6 纽扣圈钩织完成后的样子。

引拔针钩织的纽扣圈

与短针钩织的纽扣圈相比，引拔针钩织的更纤细一些。纽扣圈的大小要比纽扣小一些。

1 决定好纽扣圈的位置后，根据纽扣的大小钩织出相应数目的锁针（此处是8针）。

2 暂时将钩针取出，然后再从内侧的短针处（此处是第6针）插入，从刚才取出的针目中引拔穿出，织入1针引拔针。

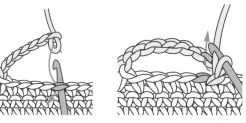

3 将钩针插入纽扣圈锁针的里山，引拔钩织。

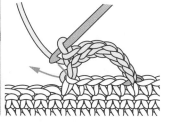

4 在每针锁针中都钩织1针引拔针，然后继续在此行钩织短针。

5 纽扣圈完成后的样子。

9 制作绳带、绒球、流苏和穗

用线即可钩织出简单的绳带（带子）。绒球、流苏和穗等也常用在作品中做饰物。

虾状钩织的绳带

它看上去犹如虾的体节。重复钩织"向左转后钩织短针"。

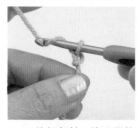

1 钩织起针，线不用拉紧。

2 钩织1针锁针。

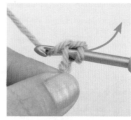

3 钩针插入步骤1起针的1根线中，针上挂线，引拔拉出。

4 再次在针上挂线，引拔穿过2个线圈（短针）。

5 钩织完1针短针后如图所示。然后就这样，不用变换针的方向，直接将编织物向左转。

6 按箭头所示，插入针，将反面的2根线挑起。

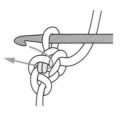

7 第2次钩织短针。

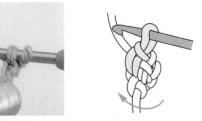

8 再次将编织物向左转。

9 按箭头所示，插入针，将反面的2根线挑起。

10 将编织物向左转。

11 按照同样的方法重复钩织。

引拔钩织的绳带

逐一在锁针中钩织引拔针。

1 钩织锁针，长约成品尺寸的1/10，然后将钩针插入锁针的里山。

2 针上挂线，引拔钩织。

3 引拔钩织完成。继续将针插入锁针的里山引拔钩织。

4 按照同样的方法重复钩织。

绒球

多缠几圈线，就能做出蓬松的绒球了。

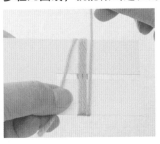

1 准备1张厚纸，约比绒球的直径长1cm。在厚纸的中间剪出1个口，然后缠上线。

2 缠好线后如图所示。

3 线中央系紧，绑牢后从厚纸中取出。

4 两端的线圈用剪刀剪开。

5 修剪出形状即可。

流苏

经常用做围巾和披肩的装饰边。注意掌握线的用量。

1

线的长度是成品长度的2倍多，准备好所需的数量。钩针从拼接位置的正面插入，将对折好的线成束引拔出。

2

成束的线从引拔的圆环中穿过，拉紧。

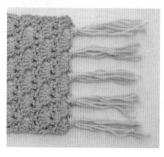

3

按照同样的要领，完成5处流苏拼接后如图所示。

4

剪齐线头，完成。

穗

按照绒球的制作方法，做出优雅的饰物。

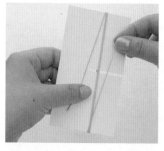

1

准备1张厚纸，纸张长度是成品长度的2倍多，中间剪出切口后开始缠线。

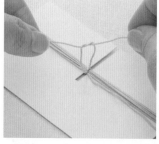

2

线在中央系紧，绑牢。

3

从厚纸中取出成束的线后对折，上部用其他线绕两三圈后打结。

4

剪齐线头，完成。

10 让作品漂亮工整的窍门

作品完成后要用熨斗熨烫。洗涤的时候必须先看线上的标签说明。

洗涤方法

查看标签

洗涤钩针编织的作品时，请先查看钩织毛线的标签。标签上有以下的图画标志，请按照这些指示操作。

使用中性洗涤剂，手洗。水温30℃左右为宜。

不可使用含氯的漂白剂漂白。

铺上垫布，用熨斗中温（140℃~160℃）熨烫。

铺上垫布，用熨斗低温（80℃~120℃）熨烫。

可干洗。

不宜拧扭，适合短时间离心脱水。

平摊晾干。

平摊阴干。

熨烫方法

熨烫方法决定作品成败

这句话一点都不夸张。熨烫方法大致如下：

①将作品翻到反面，放到熨板上。

②用叉形针（或者大头针）斜着插在熨板上，将作品展开为成品尺寸。

③熨斗稍稍悬空，蒸汽熨烫，整理形状。轻轻放在编织物上也没关系。

④热气散尽后，取出叉形针（或者大头针）。

※先确认说明图中（上图）标记的熨烫温度，选择适合的温度熨烫。低温表示将熨斗悬空，用蒸汽熨烫

笔袋的制作方法　　作品P39

[准备材料]
a线/ 白色 15g
b线/ 蓝色 10g
针/ 钩针 5/0号
其他/ 20cm的拉链 1根

[制作方法]
※用1股线钩织
①用a线钩织45针锁针，钩织3行。
②两端各加3针，然后钩织第4行。
③条纹部分换线钩织，钩织花样时线头都要藏好。
④缝上拉链。
⑤两侧和侧边引拔接缝。
⑥用b线钩织4cm的虾状钩织绳带，加上拉链扣。

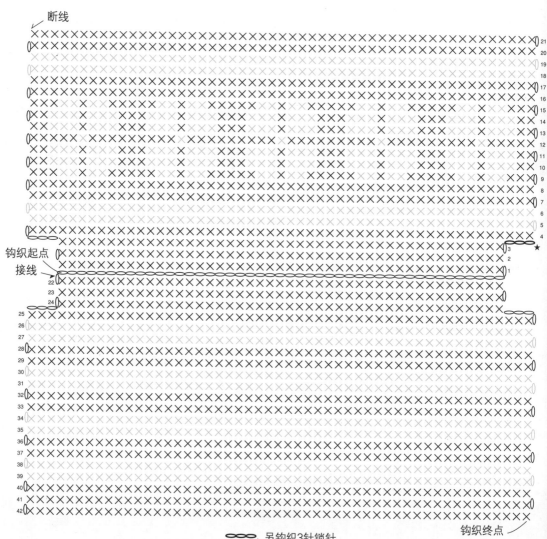

断线
钩织起点
接线
另钩织3针锁针
钩织终点

小餐垫的制作方法   作品P38

[准备材料]
线/ 奶油色 10g
针/ 蕾丝针 0号

[制作方法]
※用1股线钩织
①6块花样钩织到第4行时，边钩织边拼接。
②在步骤①的材料中钩织花样。

发饰的制作方法　　作品P39

[准备材料]
线/ 米褐色 5g
针/ 钩针 3/0号
其他/ 珍珠串珠 直径5mm（1.5mm孔）16颗
皮筋 1个

[制作方法]
※用1股线钩织
①线穿过串珠。
②钩织第1行时将皮筋成束挑起钩织。
③织入串珠的同时钩织第2行。

串珠

皮筋

发圈的制作方法　　作品P39

[准备材料]

线/ 米褐色 5g

针/ 钩针 3/0号

其他/ 珍珠串珠 直径5mm（1.5mm孔）18颗

皮筋 20cm长

手工棉 少许

塑料包扣芯 直径24mm 1颗

[制作方法]

※用1股线钩织

①线穿过串珠。

②花样a：从环形起针开始钩织，织入串珠，同时继续钩织。

※露出串珠的一侧为正面

③钩织花样b，穿入皮筋，卡住塑料包扣芯，缝到花样a的反面。

④皮筋顶端打结，用手工棉包住。

⑤将步骤4中制作的部分塞到钩织好的球形中，用线头将最末行头针的半针挑起后，拉紧线，做成球形。

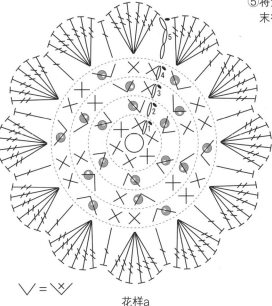

∨ = ∨/

花样a

花样b

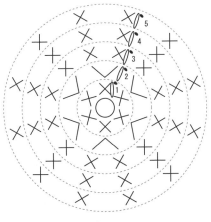

圆球

词典篇

手提包（制作方法和编织图见P154、P155）

用钩针钩织作品时，常会遇到一些
编织符号和编织图。如果有不认识的编
织符号和编织图，可以查阅本部分内容
进行确认。即便是看上去很复杂的编织
图，实际钩织时也能迎刃而解。刚开始
要多对照，确保钩织方法正确。

围巾（制作方法和编织图见P153）

锁针

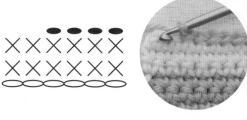

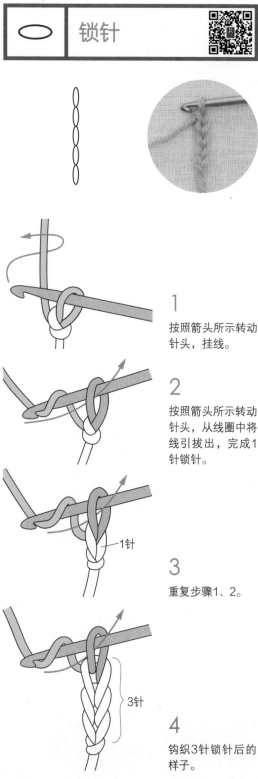

1

按照箭头所示转动针头，挂线。

2

按照箭头所示转动针头，从线圈中将线引拔出，完成1针锁针。

—1针

3

重复步骤1、2。

3针

4

钩织3针锁针后的样子。

引拔针

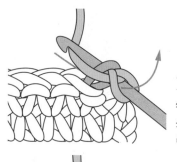

1

按照箭头所示，将钩针插入上一行针目的头针2根线中。

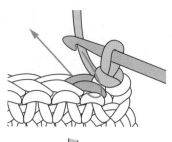

2

针上挂线，按照箭头所示方向引拔拉出线。

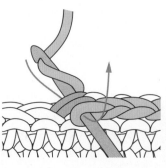

3

下一针也是将钩针插入上一行针目的头针2根线中。

4

针上挂线，按照箭头所示引拔拉出线。用同样的方法重复钩织（※很容易钩到其他线，引拔钩织时需小心）。

短针

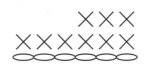 

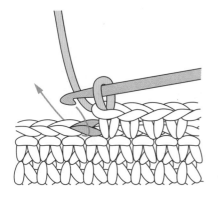

1 按照箭头所示，将钩针插入上一行针目的头针2根线中。

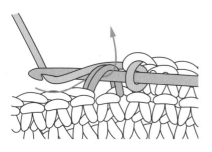

2 如图所示，针上挂线后，沿箭头方向引拔出。

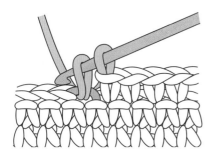

3 引拔出的长度约为1针锁针的长度。

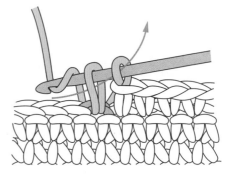

4 再次在针上挂线，按照箭头所示一次引拔穿过2个线圈。

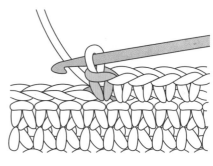

5 短针钩织完成。

T | 中长针

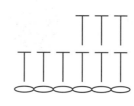 

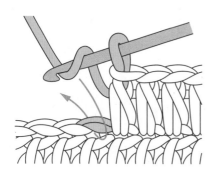

1　针上挂线，插入上一行针目的头针2根线中。

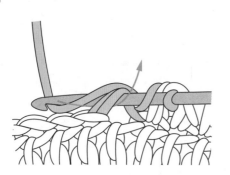

2　针上挂线，按照箭头所示引拔拉出线。

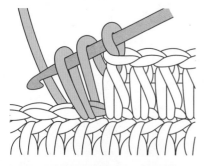

3　引拔拉出的长度约为2针锁针的长度。

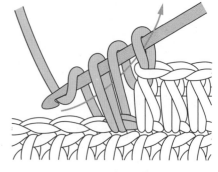

4　再次在针上挂线，按照箭头所示一次引拔穿过3个线圈。

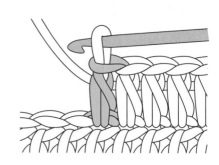

5　中长针钩织完成。

长针

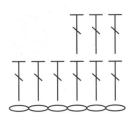

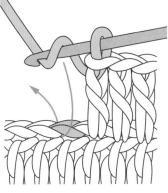

1

针上挂线，插入上一行针目的头针2根线中。

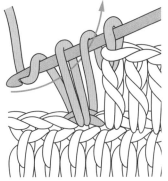

4

再次在针上挂线，按照箭头所示引拔穿过2个线圈。

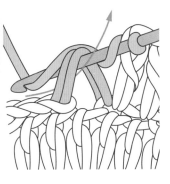

2

针上挂线，按照箭头所示引拔拉出线。

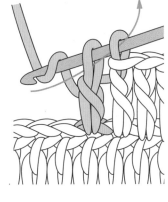

5

再次在针上挂线，按照箭头所示一次引拔穿过剩下的2个线圈。

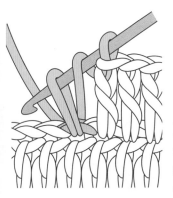

3

引拔拉出的长度约为2针锁针的长度。

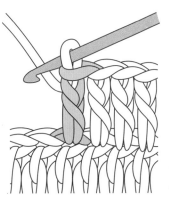

6

长针钩织完成。

 长长针

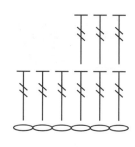

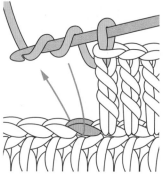

1

线在针上绕2圈，然后将钩针插入上一行针目的头针2根线中。

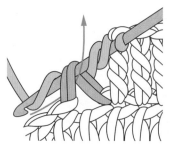

2

针上挂线，按照箭头所示引拔拉出线。引拔拉出的长度约为2针锁针的长度。

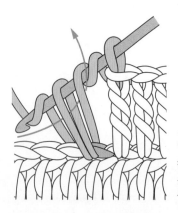

3

针上挂线，按照箭头所示引拔穿过2个线圈。

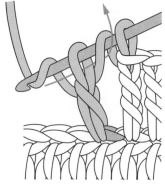

4

再次在针上挂线，按照箭头所示引拔穿过2个线圈。

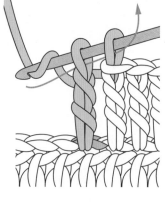

5

再次在针上挂线，一次引拔穿过剩下的2个线圈。

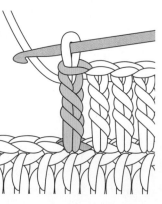

6

长长针钩织完成。

3卷长针

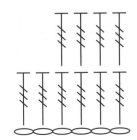

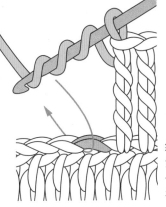

1

线在针上绕3圈，然后将钩针插入上一行针目的头针2根线中。

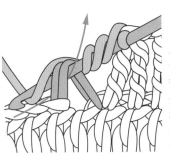

2

针上挂线，按照箭头所示引拔拉出线。引拔拉出的长度约为2针锁针的长度。

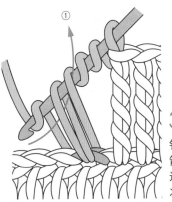

3

针上挂线，按照箭头所示引拔穿过2个线圈（第1次）。

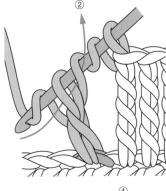

4

再次在针上挂线，按照箭头所示引拔穿过2个线圈（第2次）。

5

再重复2次"针上挂线，引拔穿过2个线圈"（第3、4次）。

6

3卷长针钩织完成。

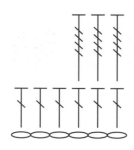

4卷长针

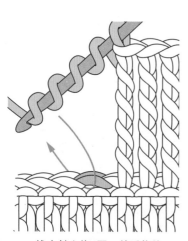

1 线在针上绕4圈，然后将钩针插入上一行针目的头针2根线中。针上挂线后引拔拉出。引拔拉出的长度约为2针锁针的长度。

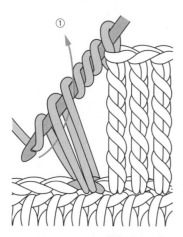

2 针上挂线，按照箭头所示引拔穿过2个线圈（第1次）。

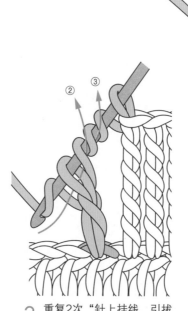

3 重复2次"针上挂线，引拔穿过2个线圈"（第2、3次）。

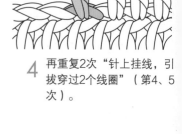

4 再重复2次"针上挂线，引拔穿过2个线圈"（第4、5次）。

5 4卷长针钩织完成。

反短针
（扭转短针）

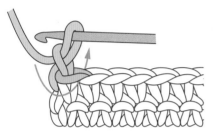

1 钩织1针起立针，然后按照箭头所示，从内侧将钩针插入上一行针目的头针2根线中。

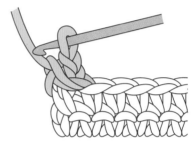

4 钩织完1针反短针后如图所示。

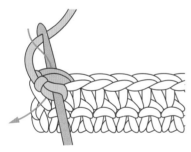

2 针上挂线，按照箭头所示引拔拉出线。

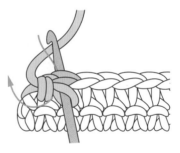

5 然后，将钩针插入右侧针目的头针2根线中，重复步骤2~4。

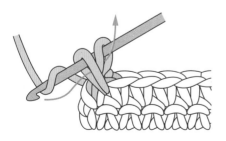

3 针上挂线，按照箭头所示一次引拔穿过2个线圈。

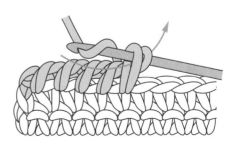

6 从左往右重复钩织。

斜短针

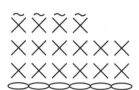

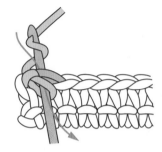

1

钩织1针起立针，然后将钩针从内侧插入上一行针目的头针2根线中，挂线后按照箭头所示引拔穿出。

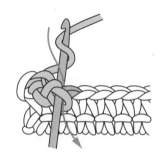

5

接着，将钩针插入上一行右侧针目的头针2根线中，挂线后按照箭头所示引拔拉出。

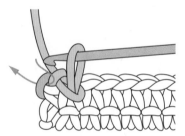

2

将钩针插入起立针的里山中。

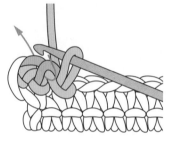

6

按照箭头所示，将钩针插入之前钩织好针目的2根线中。

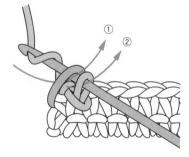

3

针上挂线，按照箭头所示引拔拉出（①），再次挂线，引拔穿过2根线（②）。

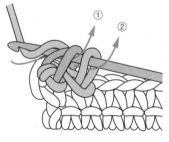

7

再次在针上挂线，按照箭头所示引拔拉出（①），再在针上挂线，引拔穿过2根线（②）。

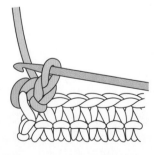

4

钩织完1针斜短针后如图所示。

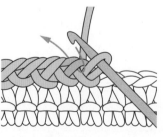

8

重复步骤5~7，从左往右继续钩织。

扭短针

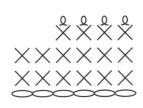

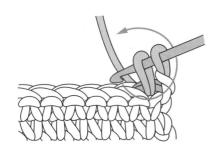

1 钩织1针起立针，然后将钩针插入上一行针目的头针2根线中。针上挂线后将线引拔出拉长，针尖按照箭头所示方向转动。

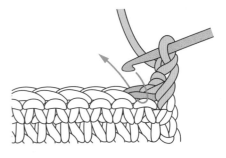

3 钩针插入下一针目中，重复钩织步骤1、2。

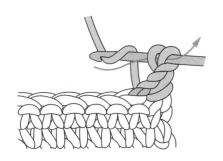

2 针上挂线，按照箭头所示一次引拔穿过2个线圈。

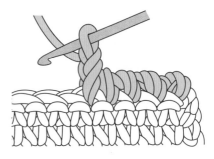

4 重复钩织扭短针后如图所示。

短针的菱形针

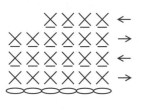

 短针的条纹针

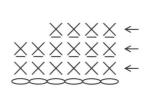

正面

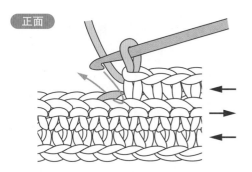

1　按照箭头所示，将钩针插入上一行针目外侧的半针中，钩织短针。

反面

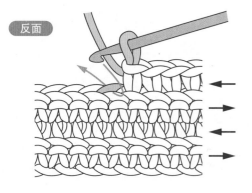

2　按照同样的方法继续钩织短针，每行都变换编织物的方向，使正反面都是菱形的花纹。

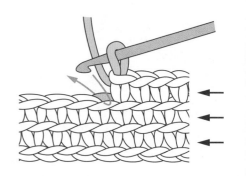

钩织方法与短针的菱形针相同，但只是看着正面，将钩针插入上一行针目的半侧半针中钩织短针，正面是条纹状的花纹。

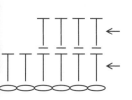

中长针的条纹针

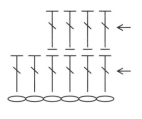

长针的条纹针

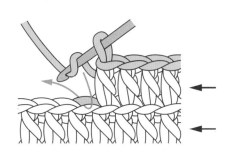

1 针上挂线，按照箭头所示，将钩针插入上一行针目外侧的半针中。

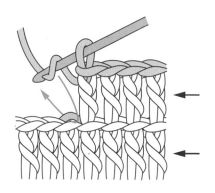

1 针上挂线，按照箭头所示，将钩针插入上一行针目外侧的半针中。

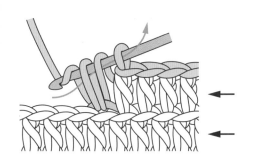

2 针上挂线后引拔拉出，然后再次在针上挂线，按照箭头所示，一次引拔穿过3个线圈。

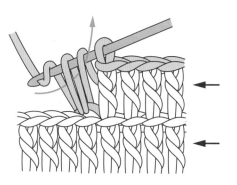

2 针上挂线后引拔拉出，然后再次在针上挂线，按照箭头所示，一次引拔穿过2个线圈。再在针上挂线，一次引拔穿过剩下的2个线圈。

专栏 未完成的针目

最后进行引拔钩织之前的状态称为"未完成的针目"。未完成的状态不能计为1针。2针并1针和枣形针等针法中，常出现这种针目。

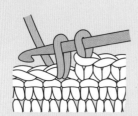

未完成的短针
针上挂有2个线圈，引拔钩织前的状态。

未完成的长长针
最后剩2个线圈挂在钩针上，引拔钩织前的状态。

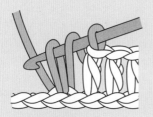

未完成的中长针
针上挂有3个线圈，引拔钩织前的状态。

未完成的3卷长针
最后剩2个线圈挂在钩针上，引拔钩织前的状态。

未完成的长针
最后剩2个线圈挂在钩针上，引拔钩织前的状态。

中长针3针的枣形针

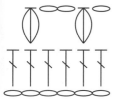

 变化的中长针3针的枣形针

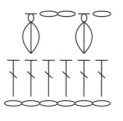

1

针上挂线，将钩针插入箭头所示位置，钩织未完成的长针（参照P108）。此时将线引拔出，稍稍拉长。

2

将钩针插入同一针目中，再钩织2针未完成的中长针。

3

针上挂线，按照箭头所示，一次引拔穿过所有的线圈。

4

中长针3针的枣形针钩织完成。中长针的枣形针的头针会往右偏，要钩织1针锁针后才会定型。

1 针上挂线，将钩针插入上一行的针目中，钩织3针未完成的中长针（参照P108）。针上挂线后，按照箭头所示，引拔穿过针上的线圈。

2 再次在针上挂线，引拔穿过剩下的2个线圈。

3 变化的中长针3针的枣形针钩织完成。

长针3针的
枣形针

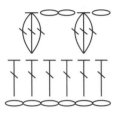

1 针上挂线，将钩针插入上一行的针目中（此处是锁针的里山和半针中），挂线后引拔拉出，引拔出的长度约为2针锁针的长度。

2 针上挂线，按照箭头所示，引拔穿过2个线圈（未完成的长针）。

3 针上挂线，将钩针插入同一针目中，再钩织2针未完成的长针。

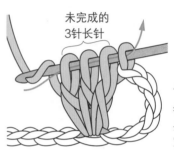

未完成的3针长针

4 针上挂线，按照箭头所示，一次引拔穿过所有的线圈。

5 长针3针的枣形针钩织完成。

 成束钩织长针3针的枣形针

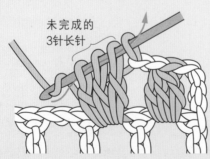

未完成的3针长针

将上一行的锁针全部挑起，钩织长针3针的枣形针。

长针5针的
枣形针

 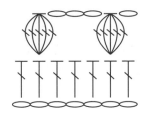 

1 针上挂线，按箭头所示位置钩织5针未完成的长针（参照P108）。

3 钩织完2针长针5针的枣形针后如图所示。

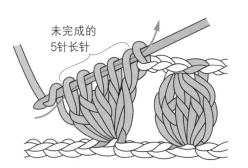

未完成的
5针长针

2 针上挂线，按照箭头所示一次引拔穿过针上所有的线圈。

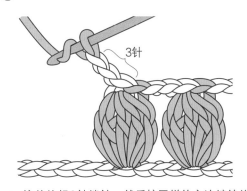

3针

4 接着钩织3针锁针，然后按同样的方法继续钩织。

 成束钩织长针5针的枣形针

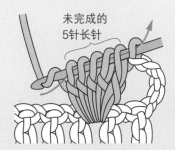

未完成的
5针长针

将上一行的锁针全部挑起，钩织长针5针的枣形针。

长长针5针
的枣形针

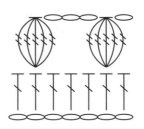 

1 线在针上绕2圈，按照箭头位置插入针，然后挂线引拔出。

3 在同一针目处再钩织4针未完成的长长针，针上挂线，按照箭头所示一次引拔穿过针上的所有线圈。

未完成的5针
长长针

2 再次在针上挂线，钩织未完成的长长针（参照P108）。

4 钩织完长长针5针的枣形针后，再钩织2针锁针。

成束钩织长长针5针的枣形针

未完成的5针
长长针

将上一行的锁针全部挑起，钩织长长针5针的枣形针。

中长针5针
的爆米花针

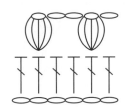

1　在同一针目中钩织5针中长针，暂时将针取出，然后插入最初的针目和放开的线圈中。

3　钩织1针锁针，引拔拉紧线。

2　按照箭头所示，引拔出针尖处的线圈。

4　2针中长针5针的爆米花针钩织完成。

 成束钩织中长针5针的爆米花针

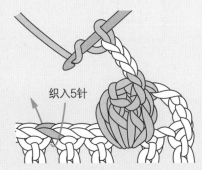

织入5针

将上一行的锁针成束挑起，钩织中长针5针的爆米花针。

长针5针的爆米花针

 从反面钩织长针5针的爆米花针

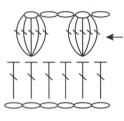

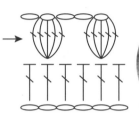

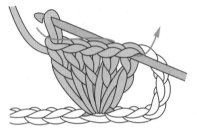

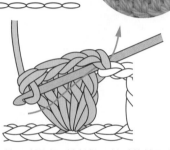

1　在同一针目中钩织5针长针，暂时将针取出，然后插入最初的针目和放开的线圈中，之后按照箭头所示引拔拉出。

1　在同一针目中钩织5针长针，暂时将针取出，然后从外侧插入最初的针目中，之后再从内侧插入放开的线圈中，按照箭头所示引拔拉出。

引拔拉紧的针目

2　钩织1针锁针，引拔拉紧针目（正面蓬松）。

2　钩织1针锁针，引拔拉紧线。

引拔拉紧的针目

3　2针长针5针的爆米花针钩织完成。

 成束钩织长针5针的爆米花针

将上一行的锁针全部挑起，钩织长针5针的爆米花针。

织入5针

长长针6针
的爆米花针

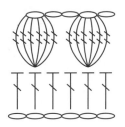 

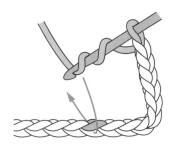

1 针上绕线2圈，再按照箭头所示插入针，织长长针。

6针长长针

3 暂时将针取出，然后插入最初的针目和放开的线圈中，之后按照箭头所示引拔穿过线圈。

2 在同一位置钩织5针长长针。

引拔针

4 钩织1针锁针，引拔拉紧线。

 成束钩织长长针6针的爆米花针

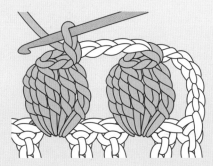

将上一行的锁针全部挑起，钩织长长针6针的爆米花针。

 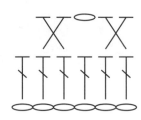 

中长针1针交叉

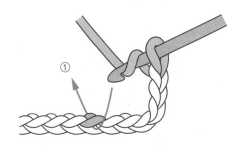

1 针上挂线，然后插入箭头所示位置，钩织中长针。

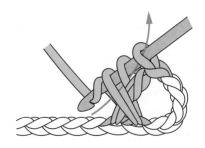

3 如同藏在之前钩织的中长针中钩织一样，再织入中长针。

2 针上挂线，按照箭头所示，插入之前钩织好的针目的右侧1针中，挂线后引拔出。

4 中长针1针交叉钩织完成。

长针1针交叉

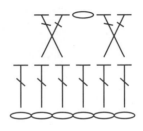

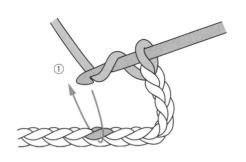

1 针上挂线，然后插入箭头所示位置，钩织长针。

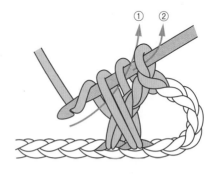

3 如同藏在之前钩织的长针中钩织一样，再织入长针。

2 针上挂线，按照箭头所示，插入之前钩织好的针目的右侧1针中，挂线后引拔出。

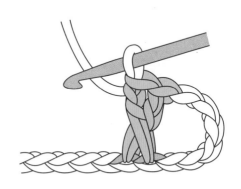

4 长针1针交叉钩织完成。

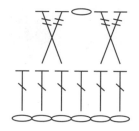

1 线在针上绕2圈，然后将钩针插入箭头所示的位置，钩织长长针。

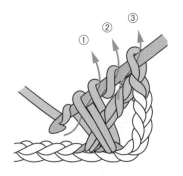

3 重复3次"针上挂线，引拔穿过2个线圈"，然后如同藏在之前钩织的长长针中钩织一样，再织入长长针。

2 线在针上绕2圈，然后按照箭头所示，将钩针插入之前钩织好的针目的右侧1针中，挂线后引拔出。

4 长长针1针交叉钩织完成。

长针1针右上交叉

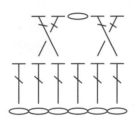 

1　针上挂线，插入箭头所示的位置，钩织长针。

3　重复2次"针上挂线，引拔穿过2个线圈"，钩织长针（交叉的长针不是包裹的状态）。

2　针上挂线，按照箭头所示，从内侧插入之前钩织好的针目的右侧1针中，挂线后引拔出。

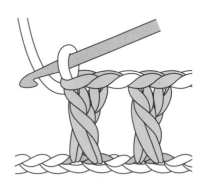

4　钩织1针锁针，2针长针1针右上交叉钩织完成。

长针1针左上交叉

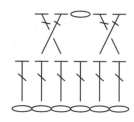

1 针上挂线，插入箭头所示的位置，钩织长针。

3 重复2次"针上挂线，引拔穿过2个线圈"，钩织长针（交叉的长针不是包裹的状态）。

2 针上挂线，按照箭头所示，插入之前钩织好的针目的右侧1针中，挂线后引拔出。

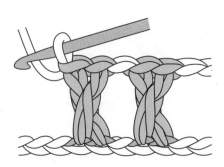

4 2针长针1针左上交叉钩织完成。

专栏 **针目的长度是能否钩织出整齐漂亮作品的关键**

起立针的长度与长针的高度一致

左　　　　　右

两块编织物都是每行7针长针，共4行。左侧的编织物长针针目整齐漂亮，右侧的锁针和长针之间有空隙。这是因为与起立针的高度相比，长针的高度不足。钩织时要注意起立针和针目的高度要一致。

织入的针目要保持高度一致，可将左右两侧的针目放长一点

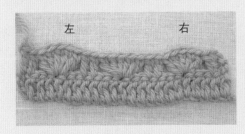

左　　　　　右

这是钩织5针长针时的编织物。左侧用同一高度钩织，编织物的中央如山一般耸起。右侧钩织的是稍紧的长针，因此左右两侧不平整。钩织出平整花样的诀窍是在5针针目中，左右两侧的针目要稍长一些。即便是同样的编织图，钩织方法不同，多少也会有些差异，要注意。

专栏 **注意交叉针和拉针的平衡**

长针和交叉针、拉针混合钩织花样时，交叉钩织的长针要长一些，总体的高度才会一致。另外，钩织拉针时的窍门是拉针要稍长一些，才能与其他的针目高度保持一致。

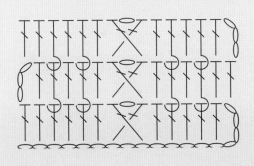

长针的交叉钩针
（中间隔2针锁针）

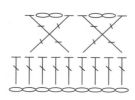

1

线在针上绕2圈，然后将针插入箭头所示位置。

5

钩织2针锁针，针上挂线后，插入箭头所示的位置。

2

针上挂线后引拔出，再次在针上挂线，按照箭头所示引拔穿过2个线圈。

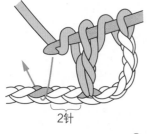

3

针上挂线，跳过2针后，插入钩针。

2针

6

针上挂线后引拔出，重复2次"针上挂线，引拔穿过2个线圈"。

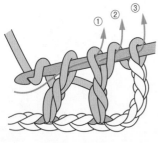

4

与步骤2相同，钩织未完成的长针（参照P108），重复3次"针上挂线，引拔穿过2个线圈"。

7 2针长针的交叉钩针钩织完成。

长长针的
交叉钩针

（中间隔3针锁针）

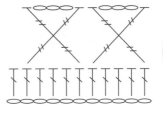 

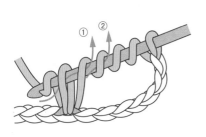

1　线在针上绕4圈，然后将钩针插入上一行的针目中，再重复2次"针上挂线，引拔穿过2个线圈"。

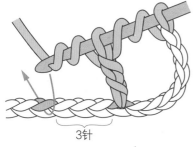

3针

2　再次在针上绕2圈线，跳过3针后，插入钩针引拔出线，然后重复2次"针上挂线，引拔穿过2个线圈"。

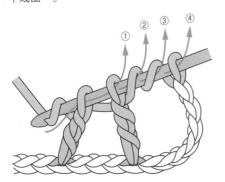

3　再重复4次"针上挂线，引拔穿过2个线圈"。

4　钩织3针锁针，线在针上绕2圈后，将钩针插入箭头所示的位置，钩织长长针。

5　长长针的交叉钩针钩织完成。

Y字长针

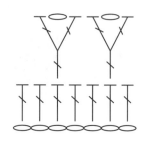

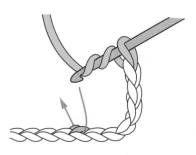

1 线在针上绕2圈，然后插入箭头所示的位置，钩织长长针。

2 钩织1针锁针，针上挂线，按照箭头所示插入。然后再次在针上挂线并引拔出。

3 重复2次"针上挂线，引拔穿过2个线圈"，钩织长针。

4 钩织完1针Y字长针后如图所示。跳过2针，重复步骤1~3。

5 2针Y字长针钩织完成。

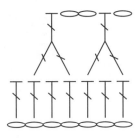 

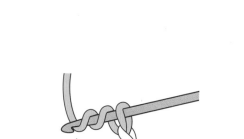

线在针上绕2圈，将钩针插入上一行的针目中后
引拔出。再次在针上挂线，引拔穿过2个线圈。

钩织完1针反Y字长针后如图所示。继续钩织2
针锁针，然后重复步骤1~3。

针上挂线，跳过1针后，插入箭头所示的针目
中，引拔拉出线，再次在针上挂线后引拔穿过2
个线圈。

2针反Y字长针钩织完成。

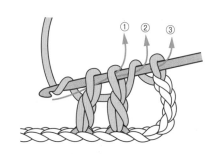

重复3次"针上挂线，引拔穿过2个线圈"。

短针1针放2针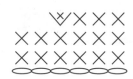

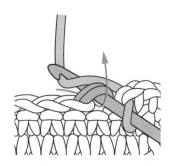

1　将钩针插入上一行针目头针的锁针2根线中，挂线后引拔出。再次在针上挂线并引拔出，钩织短针。

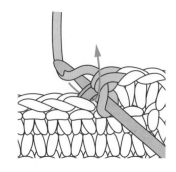

3　针上挂线后引拔出，再钩织1针短针。

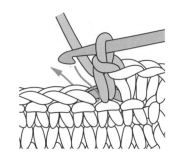

2　在上一行的同一针目中，再次插入针。

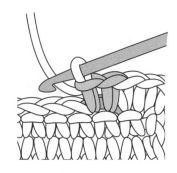

4　同一针目处织入了2针短针。

短针1针放3针

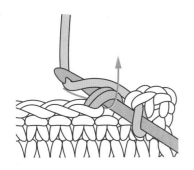

1 将钩针插入上一行针目头针的锁针2根线中，挂线后引拔出。再次在针上挂线并引拔出，钩织短针。

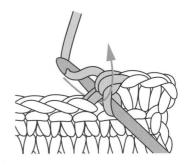

3 针上挂线后引拔出，再钩织1针短针，然后再织入1针。

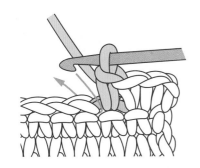

2 在上一行的同一针目中，再次插入针。

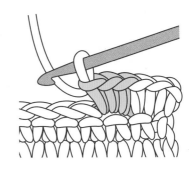

4 同一针目处织入了3针短针。

V 中长针1针放2针

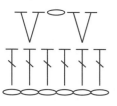

1 钩织1针中长针，针上挂线后插入同一针目中，再次在针上挂线后引拔出。

2 针上挂线，按照箭头所示，从3个线圈中一次引拔出，再钩织1针中长针。

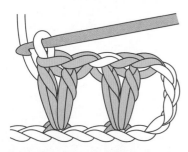

3 2针中长针1针放2针钩织完成。

W 中长针1针放3针

1 织1针中长针后，按照箭头所示方向，挂线后粗钩针插入同一针目处，接着织1针中长针。

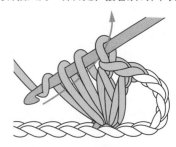

2 针上挂线，再插入同一针目中，钩织第3针中长针。

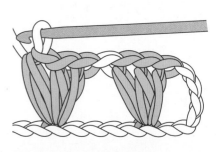

3 2针中长针1针放3针钩织完成。

长针1针放2针

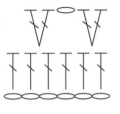

长针1针放3针

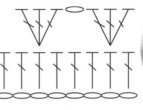

1 钩织1针长针，针上挂线后插入同一针目中，再次在针上挂线后引拔出。

2 重复2次"针上挂线，引拔穿过2个线圈"，钩织长针。

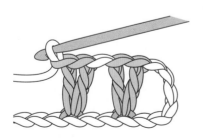

3 2针长针1针放2针钩织完成。

1 钩织1针长针，针上挂线后插入同一针目中，再钩织1针长针。

2 针上挂线，再次插入同一针目中，钩织长针。

3 2针长针1针放3针钩织完成。

短针2针并1针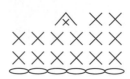

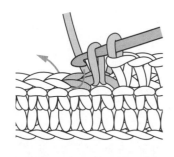

1 将钩针插入上一行针目头针的锁针2根线中，然后在针上挂线后引拔出（参照P108）。之后的针目也按同样的方法将钩针插入头针的锁针2根线中引拔出。

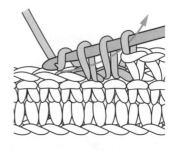

3 针上挂线，按照箭头所示一次引拔穿过3个线圈。

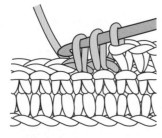

2 2针未完成的锁针钩织完成。

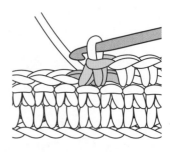

4 短针2针并1针钩织完成。

短针3针并1针

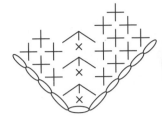

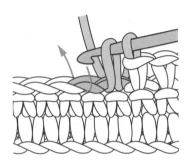

1 将钩针插入上一行针目头针的锁针2根线中，挂线后引拔出（参照P108）。之后的针目也按同样的方法将钩针插入头针的锁针2根线中引拔出。

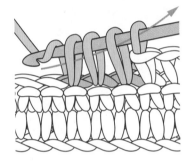

3 针上挂线，按照箭头所示，一次引拔穿过4个线圈。

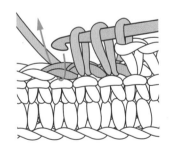

2 再次在下面的针目中钩织未完成的短针。

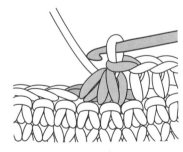

4 短针3针并1针钩织完成。

 专栏 各种钩织样式

可放在桌上的华丽餐垫。试着用成束钩织和分隔钩织的方法钩织出漂亮的花样吧。

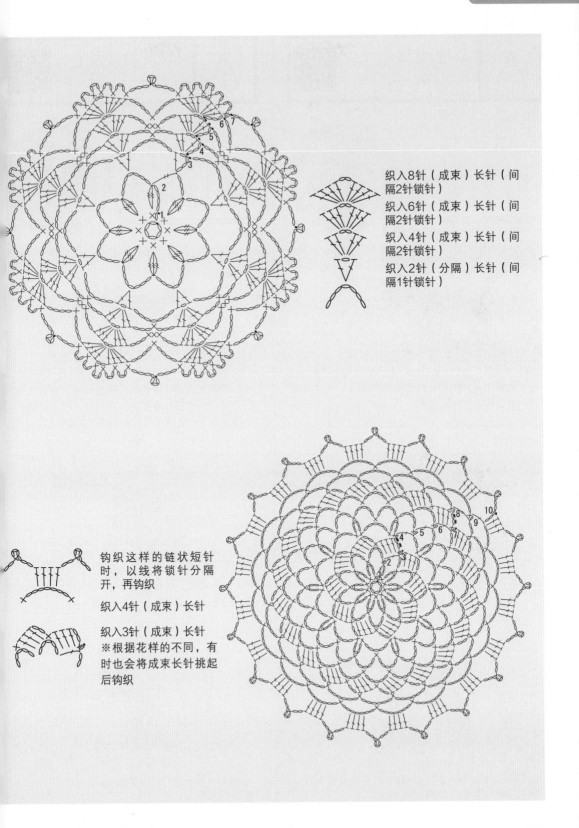

织入8针（成束）长针（间
隔2针锁针）

织入6针（成束）长针（间
隔2针锁针）

织入4针（成束）长针（间
隔2针锁针）

织入2针（分隔）长针（间
隔1针锁针）

钩织这样的链状短针
时，以线将锁针分隔
开，再钩织

织入4针（成束）长针

织入3针（成束）长针
※根据花样的不同，有
时也会将成束长针挑起
后钩织

中长针2针
并1针

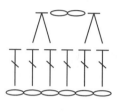

中长针3针
并1针

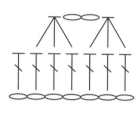

1　钩织未完成的中长针（参照P108）。针上挂线后，插入下一针目中。

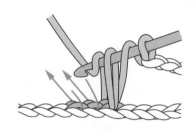

1　钩织未完成的中长针。针上挂线，然后在下一针目中也织入未完成的中长针。针上挂线，再次在下一针目中织入未完成的中长针。

第2针　第1针

2　在下一针目中也织入未完成的中长针。针上挂线后，按照箭头所示一次引拔穿过针上的线圈。

第3针　第2针　第1针

2　针上挂线，按照箭头所示一次引拔穿过针上的线圈。

3　钩织2针锁针，跳过1针锁针后重复步骤1、2。2针中长针2针并1针钩织完成。

3　1针中长针3针并1针钩织完成。

长针2针
并1针

 长针3针
并1针

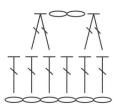

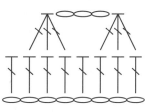

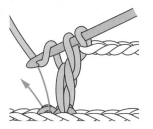

1

钩织1针未完成的长针（参照P108），针上挂线后再钩织1针未完成的长针。

1

钩织1针未完成的长针，然后在下一针中再次织入未完成的长针。

未完成的2针长针

2

针上挂线后，按照箭头所示一次引拔穿过针上的线圈。

2

针上挂线，按照箭头所示一次引拔穿过针上的线圈。

3

1针长针2针并1针钩织完成。

3

按照同样的方法重复步骤1、2，钩织完成2针长针3针并1针。

4

按照同样的方法，重复步骤1~3，钩织完成2针长针2针并1针。

 长针4针并1针

钩织4针未完成的长针，针上挂线，一次引拔穿过针上的线圈，长针4针并1针钩织完成。

短针的正拉针

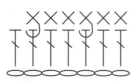

正面　反面

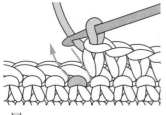

1　按照箭头所示，从内侧右方将钩针插入上一行针目的尾针处。

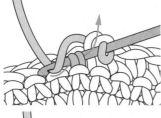

2　针上挂线，引拔拉长线后抽出。

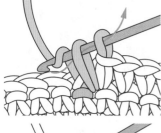

3　针上挂线，按照箭头所示引拔穿过2个线圈。

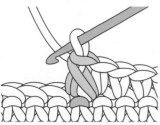

4　1针短针的正拉针钩织完成。

短针的反拉针

正面　反面

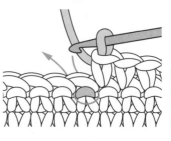

1　按照箭头所示，从反面将钩针插入上一行针目的尾针处。

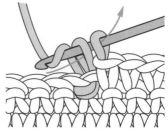

2　针上挂线，按照箭头所示引拔穿过2个线圈。

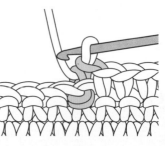

3　1针短针的反拉针钩织完成。

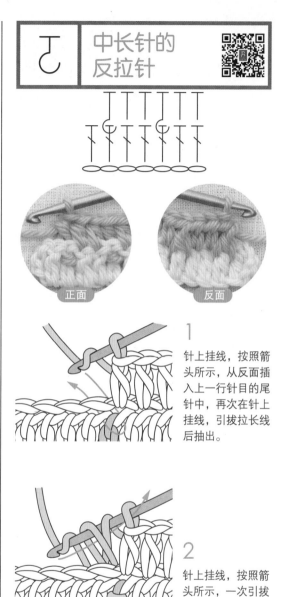

5	中长针的 正拉针	〔QR〕

1 针上挂线，按照箭头所示，插入上一行针目的尾针处。

2 针上挂线，引拔拉长线后抽出。

3 针上挂线，按照箭头所示，一次引拔穿过针上的线圈。

4 中间间隔2针中长针，2针中长针的正拉针钩织完成。

こ	中长针的 反拉针	〔QR〕

1 针上挂线，按照箭头所示，从反面插入上一行针目的尾针中，再次在针上挂线，引拔拉长线后抽出。

2 针上挂线，按照箭头所示，一次引拔穿过3个线圈。

3 中间间隔2针中长针，2针中长针的反拉针钩织完成。

正面　　反面　　正面　　反面

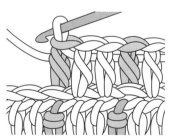

长针的正拉针

 长针的反拉针

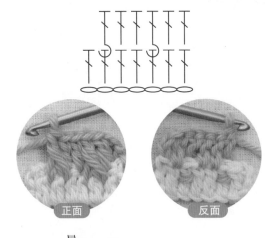

| 正面 | 反面 |

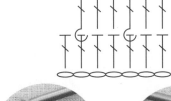

 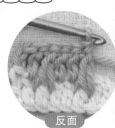

| 正面 | 反面 |

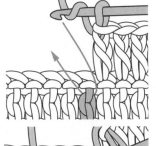

1

针上挂线，按照箭头所示，插入上一行针目的尾针中。

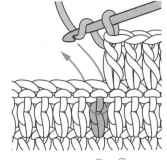

1

针上挂线，按照箭头所示，从反面插入上一行针目的尾针中，再次在针上挂线，引拔拉长线后抽出。

2

针上挂线，引拔拉长线后抽出。

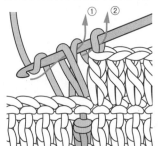

2

针上挂线，按照箭头所示引拔穿过2个线圈（①），再次在针上挂线，一次引拔穿过剩下的2个线圈（②）。

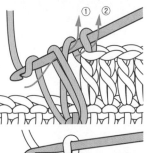

3

针上挂线，按照箭头所示引拔穿过2个线圈（①），然后再次在针上挂线，一次引拔穿过剩下的2个线圈（②）。

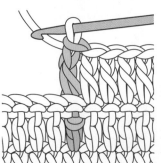

3

1针长针的反拉针钩织完成。

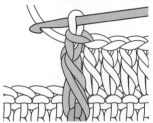

4

1针长针的正拉针钩织完成。

各种钩织方法的组合

将交叉针和Y字长针等针法织成的样式再扩展看看。用在各种垫子和围巾中也会非常漂亮。

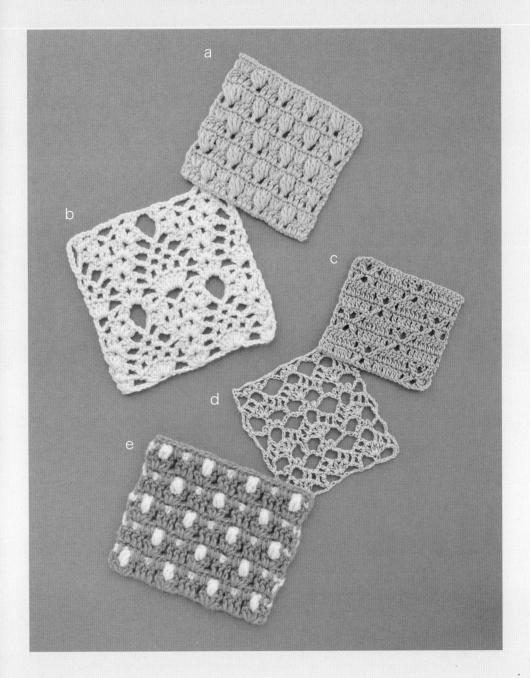

a 拉针花样

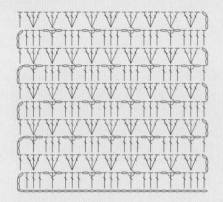

d Y字长针花样

b 凤梨花样

e 中长针的枣形针花样

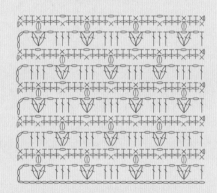

c 交叉针花样

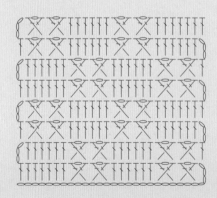

正反面的花纹不同，非常独特。

萝卜丝短针
（短环针）

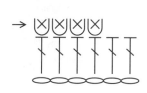

从编织物的后方看如图所示
（此面是正面）

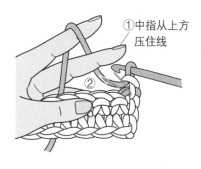

①中指从上方压住线

②

1 用左手的中指从上方压住线，然后按照箭头所示，将钩针插入上一行针目头针的锁针2根线中。

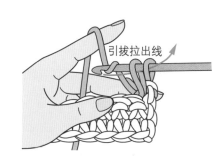

引拔拉出线

3 针上挂线，钩织短针（松开左手中指，在后侧形成圆环）。

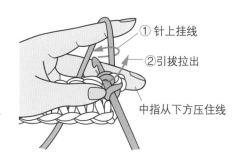

①针上挂线

②引拔拉出

中指从下方压住线

2 用左手中指压住线，然后按照箭头所示引拔拉出。

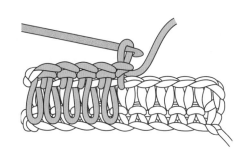

4 重复钩织后，形成排列的圆环（从后方看如图所示）。

萝卜丝长针
（长环针）

 →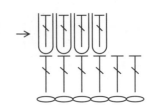

从编织物的后方看如图所示
（此面是正面）

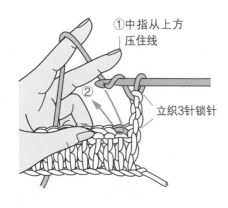

①中指从上方
压住线

②

立织3针锁针

1 针上挂线，左手中指从上方压住线，然后按照箭头所示，插入上一行针目头针的锁针2根线中。

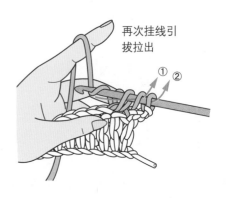

再次挂线引
拔拉出

① ②

3 针上挂线，按照箭头所示引拔穿过2个线圈，然后再次在针上挂线，引拔穿过剩下的2个线圈（松开左手中指，在后侧形成圆环）。

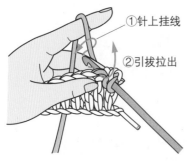

①针上挂线

②引拔拉出

2 用左手中指压住线，然后按照箭头所示挂线后引拔拉出。

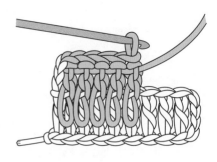

4 重复钩织后，形成排列的圆环（从后方看如图所示）。

专栏 3个线圈的圆环花样

通常圆环钩织形成的环都是固定的，但每3个线圈就可以变成1种新花样。

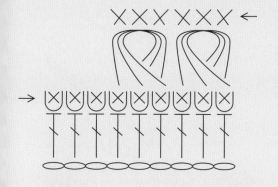

3 针上挂线后按照箭头所示方向引拔出
（第1针短针）。

1 钩织5针立起的锁针。

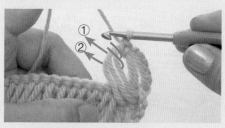

4 再次将钩针插入3个圆环中，挑起后钩织2针短针。

2 将钩针插入3个圆环中，挂线后引拔拉出。

5 之后也是在每3个圆环中钩织3针短针。

卷针

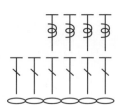

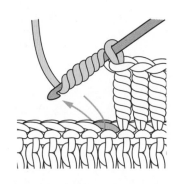

1 　线在针上绕7~10圈，然后将钩针插入上一行针
目头针的锁针2根线中。

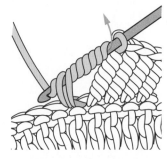

3 　再次在针上挂线，按照箭头所示方向引拔拉出
线圈。此时要注意卷起的线圈，防止散落。

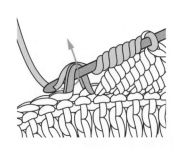

2 　针上挂线，按照箭头所示方向引拔拉出。

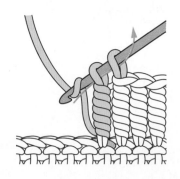

4 　再次在针上挂线，一次引拔穿过剩下的2个线
圈。

七宝针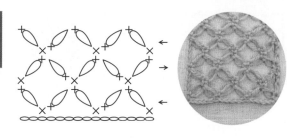

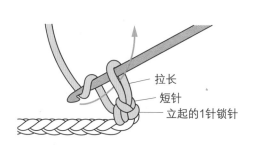
拉长
短针
立起的1针锁针

1 钩织立起的1针锁针、1针短针，针上挂线后将线圈拉大，再钩织1针锁针。

4 按照同样的方法拉长针目，钩织1针锁针，然后将锁针的里山挑起后引拔拉出线，钩织短针。

2 将钩针插入锁针的里山中，针上挂线后引拔拉出。

5 钩织2针七宝针后，将钩针插入箭头所示位置，钩织短针。

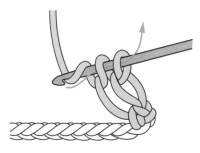

3 再次在针上挂线，然后按照箭头所示方向引拔拉出，钩织1针短针（步骤1~3为七宝针）。

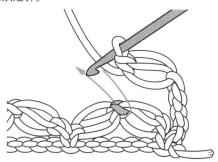

6 钩织到第1行末尾时，在第2行钩织4针起立针、1针七宝针后，将钩针插入箭头所示位置，再钩织1针短针。如此重复钩织。

锁针3针的
狗牙针

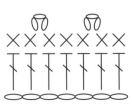

 锁针3针的
狗牙拉针

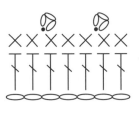 

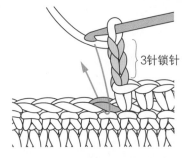

3针锁针

1 钩织3针锁针，按照箭头所示将钩针插入上一行
针目头针的锁针2根线中。

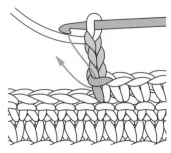

1 钩织3针锁针，按照箭头所示将钩针插入短针头
针的半针和尾针1根线中。

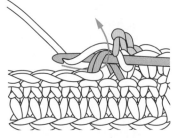

2 针上挂线后引拔拉出，钩织短针。

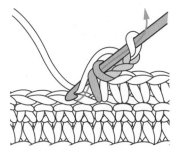

2 针上挂线，按照箭头所示引拔拉出。

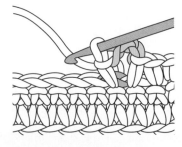

3 锁针3针的狗牙针钩织完成。

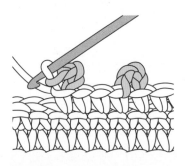

3 锁针3针的狗牙拉针钩织完成。

锁针3针的
短针狗牙针

专栏 在锁针中织锁针3针的狗牙拉针

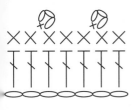

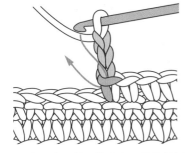

1　钩织3针锁针，按照箭头所示将钩针插入短针的头针半针和尾针的1根线中。

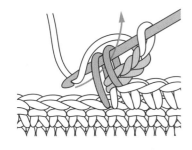

2　针上挂线，按照箭头所示引拔拉出，再钩织短针。

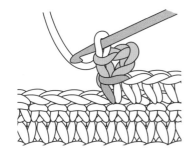

3　锁针3针的短针狗牙针钩织完成。

1　钩织6针锁针。

2　将第3针锁针的半针和里山挑起后插入钩针。

3　针上挂线后引拔拉出。

4　钩织2针锁针。

5　跳过上一行的4针，然后将钩针插入针目头针的锁针2根线中，钩织短针。

147

专栏 **可爱的狗牙针**

用锁针钩织出的小球状或线圈状的狗牙针，经常用做装饰花边。可以变换一下锁针的针数，或者将线圈串起来，试着钩织出各种可爱的样式吧。

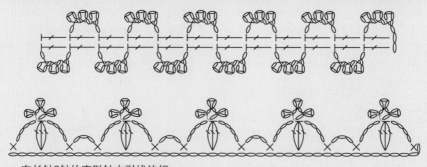

● 在长针3针的枣形针中引拔钩织

方格钩织及其相关样式

减少1个孔状方格

减少1个实心方格

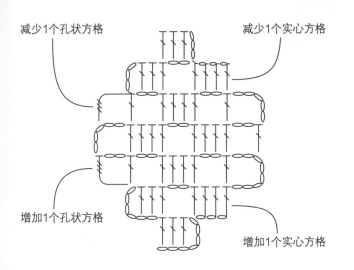

增加1个孔状方格

增加1个实心方格

 增加1个
孔状方格

将锁针的半针
和里山挑起

1

在1个方格中钩织
2针锁针，然后线
在针上绕3圈，再
将针插入箭头所示
位置。

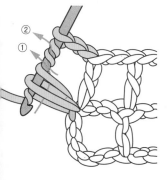

2

针上挂线后引拔拉
出。再次在针上挂
线，按照箭头所
示引拔穿过2个线
圈。再在针上挂
线，引拔穿过2个
线圈。

3

再次在针上挂线，
引拔穿过2个线
圈，然后再在针上
挂线，引拔穿过剩
下的2个线圈。

4

增加1个孔状方格
后如图所示。

增加1个
实心方格

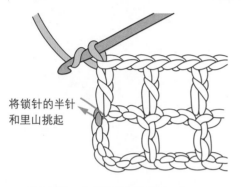

将锁针的半针
和里山挑起

1 针上挂线，将钩针插入箭头所示位置。

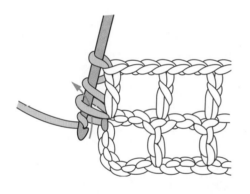

2 针上挂线，按照箭头所示引拔穿过1个线圈。

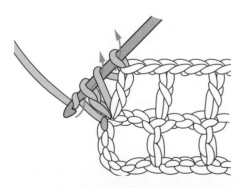

3 针上挂线，引拔穿过2个线圈，然后再在针上挂
线，引拔穿过剩下的2个线圈。

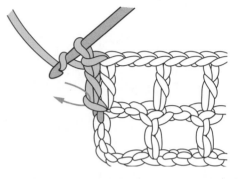

4 针上挂线，将钩针插入箭头所示位置，按照步
骤2、3的方法钩织。

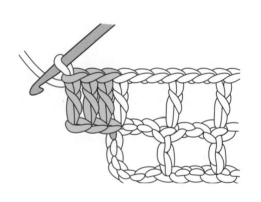

5 重复步骤1~4，增加1个实心方格后如图所示。

未完成的长针

1 钩织未完成的长针（参照P108）。线在针上绕3圈，然后将钩针插入上一行顶端的针目中。

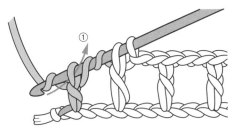

2 钩织未完成的长针。针上挂线后，按照箭头所示引拔穿过1个线圈。

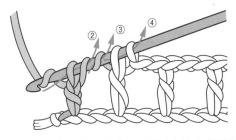

3 重复2次"针上挂线，引拔穿过2个线圈"。然后再次在针上挂线，引拔穿过剩下的所有线圈。

4 减少1个孔状方格后如图所示。下一行立起的针目变成1个方格内侧的针目。

1 按照箭头所示的顺序插入钩针，钩织4针未完成的长针。

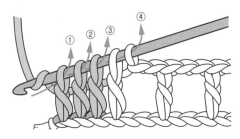

2 针上挂线，引拔穿过1个线圈。重复2次"针上挂线，引拔穿过2个线圈"。再次在针上挂线，最后引拔穿过剩下的线圈。

3 减少1个实心方格后如图所示。下一行立起的针目变成1个方格内侧的针目。

串珠镶边的制作方法　　作品P83

米色的T恤

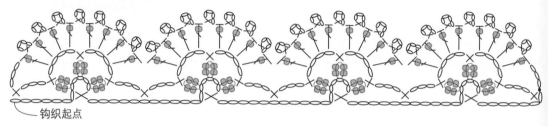

钩织起点

最后引拔长针时穿入1颗串珠　　　在锁针中穿入4颗串珠

大书签、白色衬衣

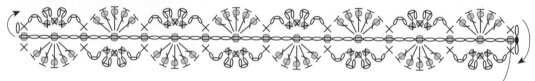

钩织起点

在锁针中穿入1颗串珠。挑起半针后，在两侧钩织短针　　　最后引拔长针时穿入1颗串珠

在短针中穿入1颗串珠

玻璃杯子

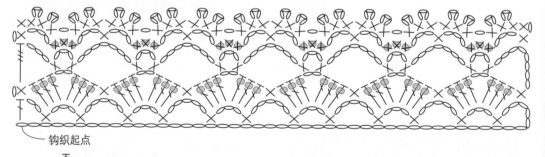

钩织起点

最后引拔长针时穿入1颗串珠　　　在短针中穿入1颗串珠

围巾的制作方法　　作品P95

准备材料]
戈/米色 70g
十/钩针 6/0号

[制作方法]
※用1股线钩织
①钩织34针锁针，95行花样。
②继续进行2行边缘钩织。
※按照边缘钩织中的箭头所示，将针上的线圈拉长

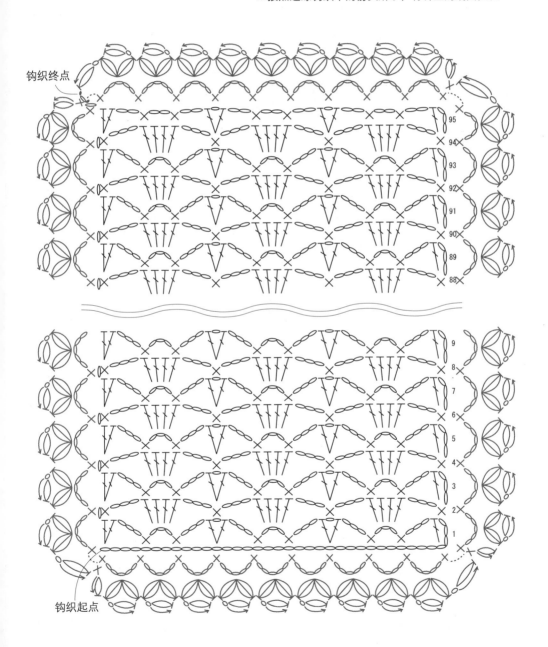

钩织终点

钩织起点

手提包的制作方法　作品P94

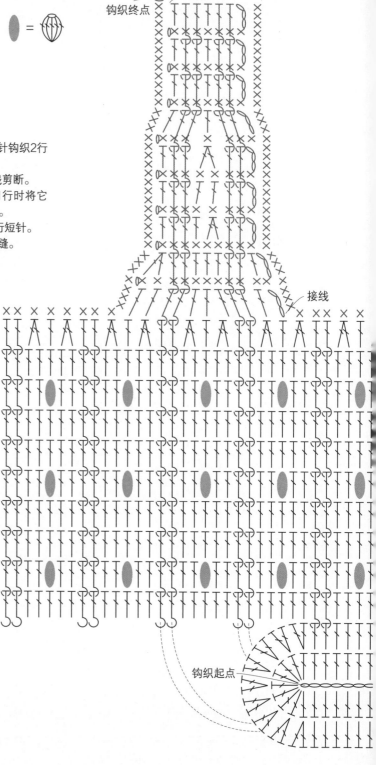

＝

[准备材料]
a线/米色 160g
b线/红色 40g
针/钩针 8/0号

[制作方法]
※用2股线钩织
①用a线钩织26针锁针，然后用长针钩织2行底边。
②侧面钩织3~12行花样，然后将线剪断。
③接上b线钩织2根提手，在最后1行时将它们正面相对合拢并用引拔针订缝。
④在提手的两侧和侧面上边钩织1行短针。
⑤在提手中心5cm处结成圆环，卷缝。

接线

断线

钩织终点

接线

钩织起点

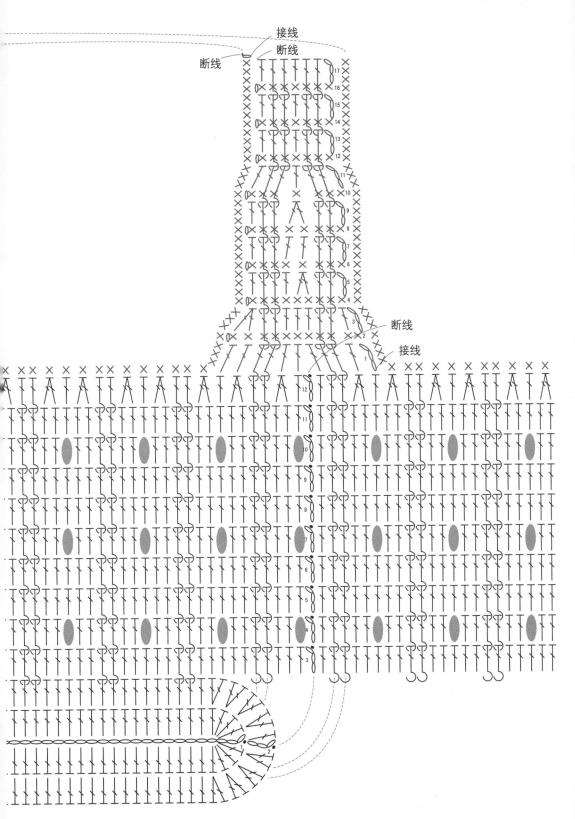

接线
断线
断线

断线
接线

TITLE:［イチバン親切なかぎ針編みの教科書］
BY:［せばた やすこ］
Copyright © Yasuko Sebata,2009
Original Japanese language edition published by Shinsei Publishing Co.,Ltd.
All rights reserved. No part of this book may be reproduced in any form without the written permission o
the publisher.
Chinese translation rights arranged with Shinsei Publishing Co.,Ltd.
Tokyo through Nippon Shuppan Hanbai Inc.

图书在版编目（CIP）数据

初学者的第一堂手工课．钩针编织教科书／（日）濑
端靖子著；何凝一译．-- 石家庄：河北科学技术出版
社，2020.9（2024.5 重印）
ISBN 978-7-5717-0510-7

Ⅰ．①初… Ⅱ．①濑… ②何… Ⅲ．①钩针—编织—
图解 Ⅳ．① TS935.52-64

中国版本图书馆 CIP 数据核字 (2020) 第 171236 号

初学者的第一堂手工课：钩针编织教科书

[日] 濑端靖子　著　　何凝一　译

策划制作：北京书锦缘咨询有限公司
总 策 划：陈　庆
策　　划：李　伟
责任编辑：刘建鑫
设计制作：柯秀翠

出版发行　河北科学技术出版社
地　　址　石家庄市友谊北大街 330 号（邮编：050061）
印　　刷　和谐彩艺印刷科技（北京）有限公司
经　　销　全国新华书店
成品尺寸　170mm×240mm
印　　张　10
字　　数　270 千字
版　　次　2020 年 9 月第 1 版
　　　　　2024 年 5 月第 4 次印刷
定　　价　48.00 元